파리에서 한 달을 살다

파리에서 한 달을 살다

전혜인

알비

프롤로그

오랜만에 친구를 만났습니다.

"요즘 어떻게 지냈어?"
"일만 했지, 뭐."

데자뷔처럼 대화가 머리에 스칩니다. 몇 달 전, 친구와 똑같은 이야기를 주고받은 것이 생각났습니다. 기분이 이상합니다. 뭔가 새로운 소식을 들려주고 싶은데 아무리 생각해봐도 지난 6개월간 내가 한 건 '일' 밖에 없습니다. 쳇바퀴를 돌고 있는 햄스터가 떠오릅니다. 분명 매일 쉬지 않고 열심히 살았는데 내 인생은 왜 같은 자리에 머물러 있을까요?

불과 몇 년 전까지만 해도 내 삶은 역동적인 것들로 채워져 있었습니다. 조금 더 살기 좋은 세상을 만들고 싶어 방송작가의 길에 들어섰고, 천국과 지옥을 오가는 뜨거운 사랑도 했습니다. 크고 작은 도전이 날마다 이어졌고, 조금씩 성장하는 내 모습을 보며 청량한 희열을 맛보았습니다. 당연히 누군가를 만나면 수다가 끊이질 않았습니다. 직장에서 있었던 일, 스펙타클한 연애사, 꿈을 위해 도전하는 이야기가 울컥울컥 쏟아져 나왔습니다.

롤러코스터를 타듯 짜릿했던 20대가 지나고 내 인생은 점점 자리를 잡아 나가기 시작했습니다. 막내 작가 시절 그렇게 동경했던 메인 작가가 되었고, 사랑해 마지않는 사람과 결혼도 했습니다. '안정감'을 선물로 받았습니다. 매우 감사한 일이지요. 마치 잘 설계된 컨베이어 벨트에 올라탄 기분이 들었습니다. 일부러 자리를 박차고 나가지 않는 한 이대로 무사히 노년을 맞이할 것 같다는 배부른 소리가 절로 나왔습니다. 그런데 이상하게도 전보다 즐겁지 않습니다. 요즘 어떻게 지내냐는 물음에 늘 똑같다고 답하는 내가 낯설게 느껴집니다.

늦은 밤 집으로 돌아와 TV를 켭니다.

"여행은 살아 보는 거야!"

요즘 유행하는 광고 문구가 조용한 집안에 울려 퍼집니다. 광고 속에 등장하는 외국 여성은 한껏 들뜬 모습입니다.

'나도 여행 참 좋아하는데….'

여행을 좋아하는 부모님 덕에 여행의 세계에 일찍 발을 들였습니다. 대학생이 되고 나서는 아르바이트를 해서 매년 수차례씩 해외에 나갔습니다. 사회인이 되어 받은 첫 월급은 몽땅 미국 횡단 여행에 쏟아부었고, 틈만 나면 배낭을 꾸려 어디론가 떠나는 여행 마니아였습니다. 그런 내게 '여행은 살아 보는 거야'라는 광고 문구가 왜 멀고 낯설게 느껴질까요?

그건 아마도 내가 '서른을 넘긴 직장인 유부녀'가 되었기 때문일 겁니다. 낯선 곳에서 혼자 한 달을 보내는 자유는 이제 내가 누릴 수 없는 사치가 되어 버린 걸까요? 그제야 깨닫게 됩니다. '안정감'이라는 녀석은 '유부녀', '며느리', '성실한 직장인' 같은 여러 겹의 코르셋을 가지고 제 인생에 들어왔다는 사실을 말입니다. 덕분에 나는 항상 신나는 일을 벌이는 '나'의 본모습을 어딘가 묻어둔 채, '서른을 넘긴, 직장인, 유부녀'의 역할을 충실히 수행하고 있었습니다. '나'를 그토록 소중히 여기던 내가 어느새 '나'를 잃어가고 있었던 것입니다.

생각이 여기까지 닿자 내 안에서 잠자던 열정이 다시 꿈틀대기 시작했습니다. 꺼져가는 불씨에 기름이 부어진 듯 욕구가 활활 타오릅니다. '나'다움을 찾아야겠다는 결심이 솟아오릅니다.

'그래. 혼자서 한 달 동안 살아보자. 로망의 도시 파리에서.'

나의 파리 생활은 이렇게 시작되었습니다.

차
례

#1

그럼에도 불구하고 떠나다

일상에 내미는 소심한 사표

"Some doors close forever, others open in most unexpected places."
어떤 문이 영원히 닫힐 때 가장 예상치 못했던 다른 문이 열린다.
-왕좌의 게임 시즌1 E5

뭔가에 홀린 듯 파리에서 한 달을 살겠다는 거창한 계획을 세웠지만 현실을 생각하니 앞이 캄캄했다. '직장인 유부녀'라 함은, 출근해야 하는 직장이 있고 결혼 생활을 함께하는 남편도 있다는 얘기다. 다행히 남편은 나의 야심 찬 '파리 한 달 프로젝트'를 진심으로 응원해 주었지만, 그 너머엔 수많은 난관이 도사리고 있었다. '젊은이 저리 가라' 여행을 다니는 아빠도 '너 같은 유부녀는 세상에 없다'며 농을 가장한 진심을 내비칠 정도였으니 다른 사람들은 오죽할까. '내 배우자라면 절대 안 된다'며 고개를 젓는 사람도 생각보다 많았다. 시댁에 말씀드리려던 날엔 지레 눈치가 보여 말을 꺼내지도 못했으니 '파리에서 한 달 살기'가 서른 넘은 유부녀에게 마냥 쉬운 도전이 아닌 건 분명했다.

곱지 않은 시선이야 견디면 그만이지만, 넘어야 할 또 하나의 큰 산은 직장 문제였다. 방송작가라는 직업이 프리랜서라고는 해도 위클리 레귤러 프로그램을 담당하고 있는 나의 경우에는 촬영 및 편집 구성, 나레이션 원고 작성을 주 단위, 일 단위로 해야 하므로 일반 직장인과 별 차이가 없다. 게다가 20년 차쯤 되는 베테랑 작가라면 모를까,

나는 아직 '쉬지 않고 일하는' 성실성을 담보로 해야 하는 '어린' 작가가 아닌가. 여행을 목적으로 한 달간 자리를 비운다는 건 내 커리어를 중단하겠다는 통보나 마찬가지라는 걸 잘 알고 있었다. 이쯤 되면, 알량한 꿈 하나 고이 마음에 접어두고 살던 대로 성실하게 일상을 살아내는 것이 모두에게 – 심지어 나에게조차 – 편한 선택이라는 자각이 들기 시작했다.

그렇지만 이번엔 달랐다. 마르고 닳도록 일만 하는 반복되는 일상에 큰마음 먹고 던지는 변화구가 바로 파리 여행 아니었나. 나는 비장의 카드를 꺼내 들었다. 이름하여 '50살 척도'. 쉰을 넘긴 엄마가 지난날을 돌아보며 하는 말을 듣다가 떠올리게 된 인생 공식이다. 선택의 갈림길에 섰을 때 결정의 주체를 지금의 내가 아닌 50살의 나로 가정하는 것이다. 나이 오십이 된 내가 지금 이 순간을 회상한다면 어떤 말을 할까. 파리에 가서 한 달을 살아 보라고 할까, 아니면 평소처럼 하던 일이나 열심히 하라고 할까? 워커홀릭 성향이 다분해서 놀 때보다 일 할 때 마음이 편한 현재의 나는 '소처럼 일이나 해서 성과를 잘 내겠다'고 대답하겠지만, 쉰 살의 나는 그렇게 말할 것 같지 않았다. 망설이지 말라고, 나이에는 무게가 있어서 한 살 한 살 먹을수록 엉덩이를 떼는데 점점 더 큰 용기가 필요하다고, 지금이 바로 기회라고. 그렇게 나의 등을 떠밀 게 분명했다.

대범해지기로 했다. 만약 내가 파리에 감으로써 어떤 문(직장일 수도 있고, 탐나는 프로그램일 수도 있고, 주변 선배나 가족의 기대일 수도 있겠다)이 닫힌다면, 아이러니하게도 그 문이 닫힐 때 예상치 못했던 다른 문이 열릴 거라는 확신이 들었다. 그리고 새로운 문을 열고자 하는 갈망이 있다면 지금껏 몸담았던 익숙한 공간의 문을 억지로 닫을 필요도 있지 않을까. 원래 열려있는 문이 있다면 애써 새로운 문을 찾아 여는 수고로움을 감당하지 않을 테니까. 변화를 원한다면 옛 문을 닫고 새 문을 열자.

고민은 이제 그만! 파리로 가는 항공권을 예약하기로 했다. 만약 이 여행으로 인해 그동안 누리던 것들과 '이별'하는 한이 있더라도 겁내지 않기로 했다. 내 삶에 펼쳐질 새로운 시작이 몹시 기대되니까. 파리행 티켓은 반복되는 일상에 내미는 나의 소심한 사표였다. 그리고 그 날 밤, 나는 소심한 사표를 썼다.

Atelier Cologne

'어디 보자, KE 5043.'
이륙 정보를 알리는 전광판에서 빠르게 눈을 굴려 수속 게이트를 찾았다. 육중한 트렁크를 끌고 공항에 두 발을 붙이자 비로소 실감이 났다. 드디어 가는구나.

얼마 만에 트렁크를 끌어보는 건지 기억이 가물가물하다. 신혼여행에도 배낭을 메고 갈 만큼 트렁크를 멀리하는 게 나의 기묘한 여행 습관이다. 짊어지면 두 팔과 두 다리에 자유가 주어지는 느낌이라 아무리 무거워도 여행은 배낭과 함께하자는 신념을 고수하고 있었다. 하지만 이번 여행은 특별하다. 파리에서만 한 달을 머물 예정이기에 월세 스튜디오를 렌트했다. 그건 파리에서 일상을 살아보겠다는 이야기다. 배낭을 들쳐 메고 분주하게 이동할 일도 없거니와, 명색이 파리지앵이 될 몸인데 꼬질꼬질한 배낭여행객처럼 보일 수는 없지 않은가. 본격 파리지앵이 되기 위하여 예외적으로 트렁크를 꺼내 들었다.

월-화-수-목-금 돌려 입을 수 있게 다섯 벌의 옷을 준비하고 (주말엔 그중 제일 마음에 드는 옷을 한 번 씩 더 입어야지) 틈틈이 읽을 책도 열 권 남짓 챙겼다. 혼자 지내는 숙소지만 왠지 낭만을 추구하고 싶어 고급스러운 윤기를 머금은 파란 샤워가운까지 챙겼다. 충만한 하루를 기록할 일기장과 필기도구와 맥북, 아침마다 조깅하겠다는 결의를 담아 운동복도 넉넉히 넣었다. 트렁크를 가득 채운 짐 중 가장 황당무계한 것은 피크닉매트인데, 파리의 공원에서 돗자리를 펴고 책을 읽으며 크루아상 샌드위치를 먹겠다는 일념으로 트렁크 공간의 무려 1/5을 투자했다. 초록색 체크무늬 피크닉매트를 돌돌 말아 트렁크에 넣을 땐 파리에 대한 나의 로망을 말아 넣는 기분이 들었다. 공원 벤치에서 기타를 쳐보자는 꿈도 있었지만, 좌석 하나를 더 사야 기타를 가져갈 수 있다는 항공사의 답변에 빠른 포기를 했다. 보통의 여행과 '살아보는 것'은 짐 싸기에서부터 차이가 났다.

낑낑. 내 키의 절반에 달하는 트렁크를 질질 끌고 출국 심사장을 향해 걸어가면서 생각했다. 30kg 가까이 나가는 이 트렁크에서 29kg쯤은 어쩌면 내 꿈의 무게가 아닐까.

파리의

구름

긴 비행 끝에 도착한 파리 샤르드골 공항, 처음 마주한 파리는 아주 파아란 얼굴을 하고 있었다. 연한 하늘색이 아니라 남색에 흰색 물감을 두어 방울 뿌린 듯한 채도가 높은 파란 하늘. 그리고 두툼한 뭉게구름이 둥글둥글 뭉쳐 있었다.

'유전자 몰아주기'라는 말이 있다. 한 집안의 형제 중에 유난히 빼어난 외모를 가진 사람이 있을 때 흔히들 하는 말이다. 파리의 하늘을 보니 그 말이 생각났다. 태어나 처음 보는 진한 쪽빛 바탕에, 놀이공원 솜사탕보다도 밀도 높은 구름이라니. '왜 이런 하늘을 파리에만 몰아주는 건데?' 맑은 하늘은커녕 황사에 미세먼지까지 극성이라, 숨 쉬는 것조차 마음 편히 할 수 없었던 서울시민으로서 불쑥 질투가 난다. 경이로운 풍경에 놀란 이가 나뿐만이 아니었는지 공항을 막 나선 다른 이들도 감탄을 쏟아내며 초봄의 파리

하늘에 셔터를 눌러 댔다.

그 순간 공교롭게도 열 살 무렵 썼던 동시 하나가 떠올랐다.

하늘에 떠 있는
흰 구름

포드득 포드득
새가 되었다가
통통하게 살이 찐
양도 되었다가

푸르고 커다란 나뭇잎 되어

이 세상에 시원한
그늘 만들어 주지요.

왜 그런 시를 쓴 건지 그 날의 구름이 어땠는지 같은 것들은 전혀 기억나지 않지만, 파리의 하늘을 만나자마자 그 시가 떠오를 줄이야! 기분 좋은 소름 한줄기가 온몸을 관통했다.

파리의 구름은 날아갈 것처럼 생명력이 있는 새이자, 통통한 양이고, 땅에 있는 모든 것을 품는 거대한 나뭇잎이었다. 어쩌면 열 살의 내가 시간을 가로질러 지금 이 순간의 파리 하늘을 보고 시를 쓴 게 아닐까, 하는 영화 같은 상상에 빠져들었다. '인터스텔라'의 머피와 '컨택트'의 루이스가 겪은 시간의 뒤틀림이 갑자기 나의 일이 되는 초월적인 감동. 겨우 처음 마주한 하늘만으로 파리는 나를 영화 속 주인공으로 만들어 버렸다.

첫 만남이지만 벌써 너를 사랑해 파리, 라고 외치고 싶은 마음을 간신히 붙들어 매고 마른 입술을 적시며 쏟아지는 햇살 아래로 걸음을 내디뎠다.

버킷
리스트

No.1

비행기에 몸을 싣고 한나절만 자고 일어나면 도착하는 이곳에 오기까지 참 많은 일이 있었다. 시간이 있으면 돈이 없고 돈이 없으면 시간이 없다고 흔히들 말하지만, '파리 한 달 살기'는 비단 시간과 돈만의 문제는 아니었다. 오죽하면 '프로젝트'"라는 거창한 이름을 달았을까.

2016년의 끝자락, 나를 잃어가는 쳇바퀴 일상에 '소심한 사표'를 던지기로 한 후 2017년 다이어리 첫 장의 첫 번째 줄에 '파리에서 한 달 살기'를 적었다. 일 문제건 사람 문제건 파리행을 포기하고 싶은 순간마다 다이어리를 펼쳐봤다. 올해의 첫 번째 목표를 지키지 못하면 다음 목표들은 도미노처럼 힘없이 무너져 내릴 것 같아 매일같이 파리에 가기를 결심했다.

진심이 통해서일까, 감사하게도 가장 걱정했던 직장 문제가 해결되었다. 선배 작가와 파트너 PD의 배려로 몇 주간의 공백을 메울 방안이 마련됐고, 원격으로 가능한 업무는 파리에서 처리하기로 했다. 폭풍같이 몰아치는 업무에 치여 여행 준비는 출발 하루 전에야 겨우 할 수 있었지만, 자고 일어나니 어느새 파리 공항에 두 발을 붙이고 있었다.

막상 파리에 도착하고 보니, 이게 뭐가 그리 어려운 일이라고 하루걸러 하루마다 여행을 가지 말아야 하는 이유와 그토록 싸워야 했나 조금은 허탈한 마음마저 들었다.
인생이 곧잘 여행에 비유되는 건 다 그만한 이유가 있다.

내가 꿈에 그리던 동네

파리에 한 달간 붙박이로 머물며 현지인들처럼 살아 보고자 에어비앤비 사이트를 통해 월세 스튜디오를 빌렸다(우리나라에서 흔히 풀옵션 레지던스라고 부르는 주거 형태를 파리에서는 스튜디오라고 한다). 내가 예약한 스튜디오는 파리의 동남쪽 베르시(Bercy) 쪽에 위치한 2층짜리 다세대 주택이다. 베르시 동네를 굳이 서울에 비유하자면 송파구 쯤 된다는 것이 나의 느낌이다. 파리의 서쪽에 위치한 에펠탑과 정 반대편에 있는 베르시는, 비교적 최근 부촌으로 떠오른 지역으로 사방이 깨끗하게 정비되어 있고 녹지 비율도 높다. 현지 분위기를 흠뻑 느끼고 싶어 관광지를 피하다보니 자연스레 주거 중심지역으로 집을 구하게 됐다.

처음 동네에 발을 들이고 숙소를 찾아가는 길. 아무리 둘러봐도 동양인은 나 하나뿐인 낯선 동네에 정을 붙여야 한

DEFI
Technology

다. 거리에 스치는 전봇대와 길가에 세워진 차들이 "Hello, stranger"라며 인사를 건넨다.

스튜디오에 도착하자마자 짐을 풀고 찬찬히 동네를 둘러본다. 나를 무엇보다 기쁘게 한 것은 스튜디오가 위치한 골목의 상점들이다. 현관문을 열고 나오면 바로 정면에 보이는 빵집. 가게 바깥에까지 동네 사람들이 길게 줄을 서서 빵을 사 먹는 걸 보니 대단한 맛집이 틀림없다. 빵집 옆엔 구린 냄새를 풍기는 치즈 가게가, 그리고 맞은편엔 예쁜 꽃을 파는 소담한 꽃가게가 있다. 골목의 끝엔 멋스러운 테라스 카페가 파리다움을 뽐내고 있고, 그 건너편엔 모노프리라는 대형마트가 있다. 오 분쯤 걸어나가면 인근에 지하철역이 두 개나 있고, 근방엔 밥집과 카페가 줄을 잇는다.
세상에, 이건 내가 꿈에 그리던 바로 그런 동네잖아. 한 블록에 하나씩 나오는 빵집과 초콜릿 가게의 달콤한 향기에 넋이 나갈 지경이다. 들러보고 싶은 가게가 벌써 한가득, 기분 좋은 과제가 주어졌다.

아침이 되면 쏟아지는 햇살에 슬며시 눈을 뜬다. 띠디디띠 띠띠띠, 띠띠디띠 띠띠띠 하고 울리는 알람 따위는 파리에 도착한 첫날 밤에 진작 삭제해 버렸다. 휴일에 소파에 누워 '미드'를 보다가도 나를 흠칫 놀라게 했던 전 세계인의 공통 알람, 바로 아이폰의 알람을.

이 시점부터 나의 행복은 시작된다. 알람 없는 일상이라니! 필요한 만큼 푹 자서 저절로 눈이 떠지면 아침햇살에게 꽃이라도 선물 받은 양 기분이 좋다. 기지개를 쭉 켜고 팔을 좌우로 흔들흔들 하다 보면 두 팔을 프로펠러 삼아

붕- 날아오를 수 있을 것만큼 몸도 가볍다. 아침마다 나팔을 불어대는 아이폰도 밤마다 100% 완충되는 마당에 정작 사람인 나는 제대로 충전된 아침을 맞이할 수 없었다는 게 슬플 뿐이다.

사람도 충전되면 저절로 깨어나니 파리에선 내가 아이폰보다 낫다. 재잘거리는 새소리를 배경음악으로 창밖을 빼꼼히 살핀다. 오늘은 뭘 할까, 기분 좋은 일정의 여백이 나를 기다린다.

스튜디오 화단에 사는 풀벌레가 아침 햇살에 일광욕을 한다. 편하지만 예쁜 롱원피스에 가죽 라이더 재킷, 무심한 매력의 검은 부츠를 신고 나도 집을 나설 준비를 한다. 하루를 여는 첫 번째 목적지는 어김없이 집 앞에 있는 빵집이다. 모닝빵을 먹기 위해서다. 동그랗고 심심한 맛의 '모닝빵'이 아니라, 아침밥 대신 먹는 빵이니까 모닝빵, 내가 붙인 이름이다.

나로 말할 것 같으면 전국에 있는 유명한 빵집을 다 들러봤을 만큼, 빵이라면 사족을 못 쓰는 빵순이니까 프랑스 빵이든 대전 성심당의 빵이든 빵이면 좋다고 생각했다. 프랑스에 가면 빵을 먹으라는 주변 사람들의 뻔한 권유에 물론 그러겠다고 대답했다. 프랑스가 빵의 나라라고 알려졌지만 빵을 직접 보고 냄새 맡고 먹어보기 전에는 결코 '빵의 나라'라는 수식어를 진심으로 이해할 수 없었다.

그런데 파리에 와서 정통 파리 산 크루아상을 한입 물었을

Ernest & Valentin
Ernest & Valentin
BOULANGER

때, 단전에서부터 진심을 끌어올려 감탄을 뿜어낼 수밖에 없었다. '아! 프랑스는 정말 빵의 나라구나!' 진한 버터의 풍미를 가르며 이가 빵의 바삭한 표면을 뚫고 들어가는 느낌. 그리고 맞닥뜨리는 쫄깃한 속살. 그 후로 나는 하루에 못해도 두 개씩은 빵을 사 먹었다.

오늘의 모닝빵은 팽오쇼콜라로 선택했다. 종잇장처럼 파스락 거리는 파이 안에 긴 줄로 뭉텅뭉텅 들어가 있는 초콜릿. 너무 단단하지도 말랑하지도 않은 초콜릿의 질감은 마스터피스 수준이다.
불어를 모르지만 큰 문제는 없었다. 그저 내가 원하는 빵을 손가락으로 가리키며 간절함이 담긴 눈빛으로 빵집 주인을 바라보면 그녀는 '오이!'라고 외치며 내 손에 빵을 쥐여주기 때문이다.
어디선가 나타난 조그마한 동양 여자가 신기했을까, 매번 가게 안에 있는 사람들은 나를 쳐다본다. 조용히 나의 행동을 관찰하다가 마침내 내가 계산을 성공적으로 마치면 덩달아 기뻐해 준다. 생각해보니 물건값 계산하고 칭찬받는 건 아마 25년 만이지?
새로운 세상에서 나는 아기처럼 배우고 칭찬받고 성장한다. 내가 불어를 못해서, 오히려 더 즐거운 순간이다.

한참

책을

읽었다

골목 귀퉁이에 품위 있는 노인처럼 늙어 있는 카페가 하나 있다. '저 들어가도 되나요'라는 얼굴을 하고선 '봉주흐'라고 외치며 들어서자 배가 풍만한 할아버지 사장님이 인정 좋게 맞아 주신다. 카페와 할아버지는 무척이나 닮아서 어디까지가 할아버지이고 어디부터가 카페인지 모를 만큼 경계선이 모호했다. 테이블에 앉아서 읽지도 못하는 메뉴판을 천천히 들여다보고 있자니 메뉴판에서부터 할아버지의 체취가 느껴지는 듯했다.

알파벳을 유추해 비엔나커피로 보이는 것을 주문했다. 잠시 후 앙증맞은 에스프레소 한 잔과 생크림이 나왔다. 스푼으로 크림을 살살 떠 커피를 폭닥 덮어준다. 몽글몽글 구름을 닮은 비엔나커피는 생긴 것부터 마음을 설레게 했다. 크림을 한 숟가락 작게 떠서 한 입 먹는 순간 부드러움과 달콤함이 마음을 가득 채운다. 잔을 들어 커피와 함께 한 모금 마시면 입술은 어느새 크림 범벅. 〈시크릿가든〉의 거품 키스가 떠오르지만 혀를 날름 날름하며 달콤함을 혼

자서 만끽했다.

크림이 커피에 스며 검은 에스프레소가 연한 갈색이 될 때쯤, 챙겨온 책을 꺼냈다. 온통 불어와 프랑스 사람으로 가득한 이곳에서 혼자 한국어로 된 책을 읽자니 기분이 묘했다. 나는 불과 얼마 전까지, 김연수 작가의 수필 '여행의 권리'를 읽으면서 우리 세대에게 망명을 꿈꿀 바깥세계가 존재하지 않는다고 생각했다. 도쿄나 방콕이나 홍콩을 가도 그곳은 서울의 현관을 넘어 다시 만난 서울이었으니까. 그런데 지금 이 순간만큼은, 나와 내 손에 들린 책을 둘러싼 다른 모든 것, 파리의 조용한 마을과 늙은 카페와 배 나온 서양 할아버지와 달큼한 커피가 완전한 바깥세계처럼 느껴졌다. 환상이 아닐까 의심스러울 정도로 평온한 그 카페에서 나는 한참 책을 읽었다.

서울의 해는 점심시간쯤 남중고도를 찍고 오후 2시 경 일일 최고기온을 기록한 후 서쪽으로 진다. 파리의 해가 언제 어떻게 뜨고 지는지 모르겠지만, 경험적으로 볼 때 아마 오후 세네 시에 제일 뜨거워지는 것 같다.

가만히 서 있기만 해도 기분이 좋은 초봄의 싱그러운 오후, 비가 내리지 않으면 센 강으로 나갔다. 버스를 타고 20분 남짓이면 봄볕에 반짝이는 센 강을 만날 수 있었다.

파리에 도착한 다음 날, 센 강을 처음 봤을 때 다리 위에 혼자 서 있던 나는 육성으로 소리를 질렀다. 캬. 강이 황금비율로 설계되기라도 한 걸까. 부담스럽게 넓지도, 초라하게 좁지도 않은 딱 적당한 너비로 흐르는 강은 중간 중간 얹혀있는 유럽의 아름다운 다리와 만나 완벽한 예술작품이 되었다. 강 위를 감도는 파리의 공기는 센 강에 섬세

더

미루기로

한다

SAPEURS
POMPIERS

한 감성을 더한다. 강변을 걷는 사람들은 센 강의 분위기에 취하고, 그 모습을 감상하는 나는 더 취한다. 내친김에 나도 그 프레임 속으로 걸어 들어간다. 한적한 벤치에 앉아 두 다리를 뻗고 이어폰을 꺼내 음악을 듣는다. 프리실라 안의 목소리가 오늘따라 더 달콤하다.

내게 주어진 시간이 며칠밖에 없었다면 어땠을까. 아마 에펠탑, 개선문, 콩코드광장, 유명한 카페와 레스토랑을 지도에 표시하고는 분 단위로 움직였을 것이다.
늦은 오후의 센 강이 저녁을 기다리며 식어가는 풍경은 볼 수 없었을 것이고, 운 좋게 이 시간에 센 강에 발길이 닿았다 한들 강물이 일렁이며 슬그머니 뱉어내는 속삭임에 귀를 기울일 마음의 여유가 없었을 것이다. 이 아름다운 도시에서 한 달을 머물 수 있어 참 다행이다.

서울에선 24시간이 모자라 밤을 꼬박 새우고도 발을 동동 구르며 살았는데 파리에서 나는 시간 부자가 됐다. 고로, 에펠탑을 보는 건 며칠 더 미루기로 한다. 시간이 허락된 김에 사치 한 번 부려보자.

고양이처럼 오늘만 살기

나는 고양이 두 마리와 함께 산다. 이름은 '미모'와 '밤'. 한 녀석은 새하얀 터키시앙고라인데 미모가 출중해서 '미모'라 지었고, 몸 전체가 새까만 녀석은 밤처럼 검다고 '밤'이라고 지었다. 우리 집에 온 지 벌써 6년이나 된 소중한 가족들이다.

고양이들의 행동을 관찰하는 건 무척 재미있는 일이다. 뭔가 흥미진진한 일이 벌어져서 재미있다기보다 낚시를 하는 것과 비슷한 유형의 재미인데, 평화롭고 아무 생각이 들지 않아서 재미있다. 불 벅은 솜뭉치처럼 늘어져 자다가 끔뻑끔뻑 눈을 떴다 감았다 하다가, 혀를 날름날름 하며 온몸을 닦는다. 그러다 하품을 늘어지게 하고는 어그적 걸어 다니다가 희한한 자세로 기지개를 켠다. 그리고는 그 자리에서 다시 잔다. 중요한 건 미모와 밤이는 매일 행복하다는 것이다.

고양이가 아무 걱정 없이 먹고 노는 것은 뇌에 신피질이 발달하지 않았기 때문이라고 한다. 신피질이라는 것은 이성적 사고와 시간 개념 등 인간 특유의 능력을 가능케 하는 영역인데, 인간은 신피질 덕분에 과거의 일을 기억하고, 추억하고, 후회하기도 하며, 미래까지 염두에 둘 수 있는 것이다. 월급날 돈을 흥청망청 쓰면 마냥 기쁘지 않은 것은 미래에 그 돈을 갚아야 할 것을 알기 때문이다.
하지만 고양이는 다르다. 그루밍하는 순간이 행복하면 그걸로 된 거고, 맛있는 밥을 먹고 행복하면 그걸로 끝이다. 그러니 매일 같은 행동을 반복해도 고양이는 그저 행복할 뿐이다.

내일에 대한 걱정 없이 살 수 있다면 얼마나 좋을까. 다행히 파리에서의 한 달 동안 나는 '고양이처럼 살기'를 몸소 실천하고 있다. 주어진 의무가 없으니 고양이의 하루와 다를 것이 무엇인가. 배가 고프면 밥을 먹고 졸리면 잔다. 몸이 찌뿌둥하면 씻고 심심하면 책을 읽거나 영화를 본다. 대화가 그리우면 친구를 만난다. 그러다 다시 배가 고프면 또 밥을 먹고 졸리면 잔다(단, 다음 달 카드 값만 생각하지

않으면 된다. 떠올리는 순간 인간 세계로 즉시 소환되므로.).

오늘만 있는 것처럼 살면 큰 장점이 있다. 오늘 하루의 행복이 극대화된다는 것, 조미료를 최대한 쓰지 않고 식재료 본연의 맛을 살려 만든 정갈한 요리처럼 불필요한 걱정을 제거하면 나의 하루에 들어찬 행복의 맛을 제대로 음미할 수 있다. 무심코 내려다본 나의 신발이 땅의 잔디와 얼마나 잘 어울리는지, 거리에 떨어진 빵 조각을 참새가 얼마나 감탄하며 먹고 있는지, 하굣길의 고등학생들이 까르르 하는 소리가 얼마나 희망찬 지, 배경화면처럼 흘려보냈던 것들을 잠시 멈추어 바라볼 때 세상은 꽤 아름답다.

불과 얼마 전까지도 개선문에 대해 '아치를 품고 있는 거대한 네모 조형물' 정도의 이미지만을 떠올렸었다. 각종 프랑스 여행 책자에 1번 혹은 2번 관광지로 추천되는 파리 대표 명소지만 대놓고 관광지를 표방하는 거대한 석조 건조물에 내 마음은 그다지 끌리지 않았다.
우연히 샹젤리제 거리를 발길 닿는 대로 걷다가 바로 눈앞에서 마주하게 된 개선문은 헉 소리가 나오게 아름다웠다. 사진에서 보던 개선문은 멋없이 거칠기만 했는데 눈에 들어온 개선문은 꽤 섬세한 아름다움을 지니고 있었다. 말하자면 〈해리포터〉에 나오는 해그리드쯤으로 생각했는데, 알고 보니 그의 여자친구 올림프 맥심 부인이었다고 할까.

개선문의 매력은 반드시 입장권을 끊고 꼭대기까지 올라가 봐야 안다. 회오리 감자처럼 끝없이 말려있는 계단을 따라 올라가다 보면 국적 불문하고 앞사람 뒷사람과 절친한 친구처럼 웃음을 주고받게 된다. 너무 힘든 나머지 허

파에서 저절로 바람이 새면서 웃게 되는 그 '허허허'. 하체 웨이트 트레이닝에 버금가는 계단을 나는 무려 세 번을 올랐다. 처음 개선문 위에 올라 파리 시내를 내려다보았을 때 버럭 울음을 터뜨렸기 때문이다.

한눈에 펼쳐진 파리가 너무 아름다워서, 막상 와보니 대수도 아닌 '한 달 살기'를 하겠다고 여기저기서 투쟁했던 게 생각나서, 아니면 너무 행복해서였을까. 마침 미스트처럼 뿌려지는 안개비를 맞으며 개선문 위에서 나는 혼자 눈물을 뚝뚝 떨구었다. 나 정말 주책이다. 누가 볼까 창피해서 괜히 멀리 있는 에펠탑에 집중하며 눈물을 멈춰보려 애썼다. 그러나 나를 이해하고 알아가는 것이 여행이라고, 얼마 지나지 않아 이 눈물에 붙여줄 이름이 떠올랐다.

민간요법에 명현 현상이라는 용어가 있다. 신체가 무너진

균형을 회복하기 위해 자가치유를 하는 과정을 뜻한다. 그 과정에서 구토를 하거나 피가 나는 등 병증이 악화하는 걸로 보이는 증상들이 일시적으로 발생하는데 이게 나쁜 게 아니라 자연스러운 현상이라고 한다.

생소한 개념의 '명현현상'을 알고 있는 건 어린 시절 아토피 피부염을 심하게 앓았던 막냇동생 덕이다. 독한 스테로이드 피부약을 계속 바르다가 중단하면 갑자기 아토피가 얼굴까지 훅 올라오는데, 신기하게도 그 과정을 견뎌내니 새살이 돋는 것이었다. 사람들은 동생을 보고 '명현'을 겪었다고 했다.

스테로이드를 끊고 혹독한 아토피를 온몸으로 토해 낸 동생처럼, 나를 돌볼 새 없이 달리던 생활을 멈추자 내 마음이 명현에 들어갔다. 미련한 나는 이쯤 되어서야 그동안 내 안에 얼마나 많은 독소가 쌓였는지 짐작하게 되었다.

작년, 친한 작가 친구가 허리 디스크를 진단받고 방송국을 떠나갔다. 절친한 동료를 떠나보내는 게 속상했지만 나를 더 슬프게 한 것은 주변인들의 말이었다. '작가 중에 허리 디스크 없는 사람 없을걸? 버티지 못할 만큼 많이 심한 거야?' 대부분 선후배와 동료들은 성치 않은 몸으로 밤샘 작업을 하면서도 '버티고' 있었다. '버틴다'는 말이 왜 그렇게 슬프게 들리는지. 우리는 무엇을 위해 아픈 허리를 부여잡고 버티며 사는 걸까?

문제는 나 또한 바로 '버티기' 왕이라는 사실이다. 잦은 밤샘과 스트레스로 몸의 여기저기가 고장났지만 작정하고 쉴만한 마음의 여유가 없었다. 오로지 방송만 생각하고 정신없이 뛰어다니던 어느 날, 갑자기 귀 한쪽이 들리지 않았다. 불길한 예감에 병원을 찾았더니 '돌발성 난청'이라는 진단을 받았다. 과로와 스트레스가 주된 원인이 되어 청력을 상실하는 병으로, 발병 즉시 치료하지 않으면 영구적으로 청력을 상실할 수 있는 무서운 병이라고 했다. 의사는 '한쪽 귀를 당신의 일과 바꿀 거냐'며 당장 일을 그만두는 게 좋겠다고 조언했다. 다행히 적시에 고용량 스테로이드 치료를 받은 덕에 나는 다시 소리를 들게 됐고, 미련하게도, 다시 일에 전념한 지 이 년이 지났다.

누굴 탓할 수는 없다. 잘해 내고 싶은 욕심에 내가 선택한 바쁨이니까. 하지만 나 자신에게 물었어야 했다. 이것이 정말 내가 원하는 삶이 맞는지, 지금 내가 행복한지. 나는 어느 순간, 전력 질주를 하는데 왜 달리는지를 모르고 관성에 의해 달리고 있던 것이다.

내 앞에 여가를 위한 풍족한 시간과 아름다운 장소라는 호사가 주어지자 마음에서 해독이 시작됐다. 오롯이 나를 위한 시간을 가졌던 게 언제였을까. 내가 원하는 일을 하고, 내가 원하지 않는다면 아무것도 하지 않기를 선택하는 것. 내게 필요한 건 그런 것이었다. 그래서 행복한데도 자꾸 눈물이 난다. 서울에서부터 8,976km 떨어진 파리, 지상에서 50m 떨어진 개선문 꼭대기에서 나는 그렇게 '자연스러운' 치유의 눈물을 흘렸다.

신기하게도 개선문에서 내려오자 감정이 건강해진 게 느껴졌다. 비인지 안개인지 모를 축축한 것을 뿌려대던 어두운 하늘이 반짝 개었고, 내 마음도 하늘만큼 밝아졌다. 파리에서 명현 한 번 제대로 겪었구나. 혼자만 알아볼 수 있는 옅은 웃음을 짓고 샹젤리제 거리를 걷는다. 마치 아무 일도 없었던 것처럼.

국경 너머 행복을 찾아서

"언니, 난 요즘 행복하지가 않아"
친한 동료가 불쑥 말을 꺼냈다. 딱히 직장생활이 힘든 것도 아니고, 자유로운 싱글 생활에 만족해 굳이 연애하고 싶은 것도 아닌데, 결론적으로는 행복하지 않아서 걱정이라고 한다. 어떻게 하면 행복해질 수 있을까를 묻는다.

우리는 끊임없이 행복을 추구한다. 사실 행복 추구는 현대인의 당면 과제가 아닐까 생각한다. 전쟁과 같이 생존이 위태로운 시절을 사는 사람들에겐 아마 사느냐 죽느냐 그것이 가장 문제였을 테고, 전후 세대에게는 먹고 사는 게 급선무였을 테다. 죽음의 위협을 견딘 조부모 세대와 먹고 사는 문제를 해결한 부모 세대가 있었기에, 우리는 이제 다른 고민을 하고 있다. 행복하냐 아니냐.

길지 않은 인생을 살았지만 내 나름대로 깨우친 행복의 정

의가 있다. 나에게 행복은 '살아 있음에 대한 자각'이다. 생과 사의 대비로써의 '살아 있음'이 아니라, 몇 해 전 유행어처럼 '살아 있네!', '오~ 아직 죽지 않았어~'와 같은 느낌의 '살아 있음'이다. 그 유행어를 어떤 상황에 사용했을까? 한물간 줄 알았던 인기가 여전히 건재할 때 '싸롸 있네', 안 될 거로 생각했던 일을 해냈을 때 '오~ 아직 죽지 않았어!'라고 말하지 않았나. '살아 있다', '아직 죽지 않았다'는 건 세상에 내가 존재하는 명분이 되기 때문이다. 존재 가치를 증명할 때 나는 기쁨을 느낀다.

내가 남과 다른 대체 불가능성을 가진 '나'라는 것을 느낄 때 행복해진다. 사랑할 때 '나'는 세상에 단 하나뿐인 존재가 된다. 누군가에게 없어서는 안 될 소중한 존재라고 느낄 때도 마찬가지다. 주어진 일을 성공적으로 해냈을 때도 '나'는 드러난다. 그러므로 '나'라는 자아가 배경에서 분리

되어 도드라질 때 행복이 찾아온다. 반대로, 나의 존재가 희미해질 때 나는 불행하다고 느낀다. 세상에 있으나 마나 한 존재라고 느낄 땐 거의 죽고 싶은 심정까지 든다. 인격적으로 무시당할 때 불행한 감정의 지배를 받는 것은 이 때문이 아닐까.

다시 말하자면, 행복이란 내가 오롯이 나로서 존재하는 것을 깨달을 때 오는 감정이다. 그래서 나는 행복을 찾아 여행한다. 여행이란 그 자체로 '나를 오롯이 나로서 존재하게 하는' 기능을 하기 때문이다.

여행할 때 행복한 이유는 분명하다. 온통 낯선 사람들과 낯선 환경에서는 저절로 '나'가 도드라진다는 것. 우선 이방인이라는 지위가 '나'를 세상과 분리한다. 여기에서부터 이미 유니크함이 부여되는 셈이다. 게다가 먹고, 놀고, 머물기 위해서는 계속해서 계획을 세우고 성취하는 일들을 반복해야 하므로 '살아 있다'는 자각을 할 수밖에 없다. 게다가 여행지에서는 내가 일상에서 획득한 지위와 상관없이 나라는 사람은 그냥 보이는 그대로의 '나'가 된다. '김 대리'인지 '김 과장'인지, '누구 부인'이나 '누구 엄마'인지, 심지어 '누구 딸'인지 '누구 아들인지'도 상관없이 오직 내가 되는 경험을 자연스럽게 할 수 있다.

여행지에서는 '체통'을 지키지 않고 '야한 옷'을 마음대로 입을 수 있다. 모든 사람과 평등하게 마주할 수 있다. 막말로 여행하다 빌 게이츠를 만나도 '헤이 릴리' '헤이 빌' 할 수 있으니까. 그러니까 여행은 행복의 노다지라고 할 수 있다. 온전한 나 자신이 될 수 있으며 자유와 평등이 주어지는데 어떻게 행복하지 않을 수 있겠나.

그래서 나는 국경 너머 행복을 찾아 여행한다. 좀 더 비장하게 말해서 여행은 내게 실존의 문제다.

2

파리

너는 사랑이다

파리,

너는

사랑이다

왜 하필 파리예요?

한 달 살기를 계획했을 때
'왜 하필 파리냐'고 묻는 이들이 있었다.

답은 간단하다.

"파리니까요."

그럼 모두 고개를 끄덕인다.

구태여 이유를 붙일 필요가 없는 도시.

파리, 너는 사랑이다.

행복의 순도는 어떻게 될까

금은 24K, 18K, 14K.
은의 순도는 999, 925.
행복의 순도는 어떻게 될까?

파리에서 요즘 내가 느끼는 행복의 순도는 100. 얼마 만에 느끼는 순도 100의 행복일까.

갓 대학에 입학했을 때, 30분 일찍 도착한 텅 빈 강의실에서 칠판을 멍하니 바라보다 눈물을 왈칵 쏟았던 날이 떠오른다. 내게 주어진 자유가 과분해서, 그리고 걱정할 게 아

무것도 없어서. 이렇게 행복해도 되는 걸까 싶어 정신이 아득해졌었다.

서른의 봄날, 파리에서 순도 100의 행복이 다시 나를 찾아왔다.
순수한 행복을 만드는 비결은 생각보다 간단하다. 뜨거운 태양 아래 바닷물을 말리면 소금 결정체가 생겨나듯, 파리의 눈 부신 햇살에 나의 하루를 잘 말리면 행복의 결정체가 뽀득뽀득 솟아난다.

서서히 농축되어가던 행복의 순도가 100에 다다르면, 길을 걷다가 문득 좋아서 하이킥을, 혼자 있는 방 안에서 30 seconds 댄스 타임, 가족과 친구에게 전화해 뜬금없이 사랑한다 말하기, 그리고 세상 모든 것이 아름답게 보이는 착각의 세계로 초대되었다.

할 수만 있다면, 파리산 순도 100의 행복을 투명한 유리병에 담아 사람들에게 나눠주고 싶다.
우선 한 달 동안 저부터 누려 볼게요.

길가의 벽도, 바닥도, 사람도. 파리에서 마주치는 모든 것은 끊임없이 무언가를 이야기한다. 도시 전체가 메시지를 발신하는 거대한 보드인 셈이다.
파리 사람들은 스쳐 지나갈 법한 작은 골목 하나도 허투루 두지 않는다. 아차, 하고 들어선 길에서 낭만을 마주할 때의 기분이란, 사랑하는 이에게 서프라이즈 파티를 선물 받은 것 못지않은 기쁨이다. 때론 메시지가 아름다움이 아니라 위태로움이기도 하고 분노나 슬픔이기도 하다. 그럴 땐 잠시 발길을 쉬어 묵직한 감정을 공유한다.

하루는 안개비가 내리는 마레 뒷골목을 혼자 걷고 있었다. 그런데 무심코 눈길이 머문 바닥에 글귀 하나가 도장처럼

박혀 있었다. L'artiste Invisible. 이를테면 '주차금지'와 같이 아무렇지도 않게 바닥에 놓여있던 두 단어. 뜻은 모르지만 이상하게 마음이 먼저 닿아 사진을 찍었다. 그리고 집에 돌아와 번역기를 돌려보았을 때, 마음에 띵- 하고 경종이 울렸다.

'L'artiste Invisible'
'보이지 않는 예술가'

비 내리는 파리의 뒷골목에서 만난 보이지 않는 예술가라니. 너무 멋지잖아. 하고 싶은 말이 많아서일까. 자주 찾아오는 우중충한 날씨에도 불구하고 파리에는 생명력이 넘

친다. 수다쟁이인 내가 오랜 시간을 혼자 있어도 심심할 새가 없다. 말 많은 도시, 파리에서의 하루는 왁자지껄 흘러간다.

오늘은 또 어떤 이야기를 들려줄까? 마음을 열고, 눈과 귀를 열고, 천천히 발걸음을 뗀다면 파리와 대화 나눌 준비 완료!

그럴만한 이유가 있다

나는 은근히 반골이다. 그 말인즉, 사소한 데서 대세를 따르기 싫어한다는 것이다. 컬러 핸드폰이 나오고도 한동안 흑백 폰을 고집한다거나, 초창기 무한도전을 매주 챙겨보다가 정작 인기가 많아지면 슬그머니 관심을 끊는 등 정말 의미 없는 고집을 부릴 때가 있다. 그 선상에 에펠탑이 있다.

영화 〈비포선셋〉은 파리를 배경으로 한다. 그런데 그 흔한 에펠탑이 등장하지 않는다. 리차드 링클레이터 감독도 아마 나와 같은 반골 기질을 가진 사람인가보다. 내 눈엔 그것이 얼마나 멋져 보이던지. 나는 파리를 향한 로망은 키우되 에펠탑에 대한 로망은 가지지 않기로 작심했던 것 같다. 그래서 파리에 숙소를 잡을 때도 에펠탑에서 멀리 있는 곳을 택했고, 파리에 도착한 지 일주일이 지나도록 에펠탑 근처엔 얼씬도 하지 않았다.

그런 내 앞에 에펠탑이 보이는 숙소를 잡아 놓은 친구 한 명이 나타났다. 우리는 급속도로 가까워졌고, 만난 지 세 번째 되던 날 그녀의 숙소에 초대받게 되었다. 한인 마트에서 산 삼겹살과 김치, 와인과 치즈를 사 들고 숙소에 들어가 창문을 활짝 열었을 때, 나의 쓸데없는 고집은 한순간 무너졌다. 말 그대로 입이 떡 벌어지는 광경이 한 눈에

펼쳐지는데, 까만 밤하늘에 우아하게 빛나는 에펠탑, 그 옆에 앙증맞게 붙은 별 하나까지. 시라도 한 편 읊지 않으면 아까워서 잠들지 못할 것 같은 그런 풍경이었다. 그렇게 창문을 열고 그녀와 나는 한참 에펠탑을 바라보았다.

에펠탑은 낮에 봐도 예쁘지만, 밤에 보면 눈물 나게 아름다웠다. 1989년 파리 만국박람회를 목적으로 세워진 이 철골 구조물은 당시만 해도 흉물스럽다는 평가를 받았다고 한다. 지금은 선 세세인의 사랑을 받으며 파리의 랜드마크로 자리매김 했기 때문인지, 민낯이 드러난 철골을 보아도 어쩐지 시크한 매력이 있다. 특히 저녁 7시부터 시작되는 점등을 놓쳐서는 안 되는 데, 매시 정각에 5분간 에펠탑은 반짝이로 수놓아진다. 가장 압권은 새벽 1시의 점등. 에펠탑의 기본 조명인 노란색 불이 꺼지는 시각이 새벽 1시인데, 마지막으로 하얀색 불빛만 동원되어 5분간의 장관이

시작된다. 이 장면이 얼마나 예쁜지, 술을 한 잔 걸치고 얼큰하게 취한 그녀와 나는 창문 아래에 있던 라디에이터가 우리 옷을 뜨겁게 태우고 있는 것도 모른 채 에펠탑 삼매경에 빠졌다.

그 후로 에펠탑을 참 많이 보러 갔다. 에펠탑 앞 광장에서 보는 에펠탑도 좋고, 샤이오궁에서 내려다보는 에펠탑도 좋고, 아주 멀리 루프탑에서 바라보는 에펠탑도 좋았다. 숙소에서 버스를 타면 1시간이나 걸렸지만 비 오는 날, 해가 쨍쨍한 날, 밤낮을 가리지 않고 에펠탑에 갔다. 나는 왜 에펠탑에서 이렇게 멀리 숙소를 잡은 걸까, 컬러 핸드폰이든, 무한도전이든, 에펠탑이든 많은 사람이 좋아하는 데는 그럴만한 이유가 있다.

유 룩 라이크 어 패리지앵

파리는 참 아름다운 도시다. 강과 녹음, 문화재도 아름답지만, 도시를 완성하는 것은 프랑스 사람들이 가진 멋이 아닐까 생각한다. 패션 트랜드를 선도하는 도시답게 남녀노소가 자신을 꾸미는 데 적극적인데, 내 눈을 사로잡은 것은 남자들의 패션이었다. 전 세계 어디를 가도 예쁘고 잘 꾸미는 여성은 많지만, 옷을 잘 입는 남자가 이렇게 많은 곳은 정말 처음이다.

얼굴에 어울리게 잘 다듬어진 머리, 몸매를 부각하는 셔츠, 핏이 좋은 자켓, 캐주얼하지만 가볍지 않은 바지, 세련된 로퍼 그리고 살짝 드러나는 양말까지, 넘침도 모자람도 없이 멋을 풍기는 파리의 남자들. 여기에 그들의 옷차림을 빛내는 소품이 있으니, 바로 스카프다. 스카프를 두른 남자, 패션 잡지나 패션 위크를 제외하고 내가 어디서 스카

프 두른 남자들을 보았겠나. 눈이 휘둥그레지는 게 당연하다.

사실 남자뿐 아니라 파리지앵은 모두 스카프를 사랑한다. 거리를 지나는 여자 중에서도 스카프를 두르지 않은 사람을 찾기가 더 힘들 정도다. 아마도 날씨 때문이 아닐까 생각한다. 파리의 날씨는 변덕이 심해 갑자기 바람이 불어대고, 언제든 비가 올 수 있으므로 스카프는 실용적인 목적을 가진 아이템이다. 바람이 불어 추워지면 목에 칭칭 둘러 보온성을 높이기도 하고, 어깨에 숄 대신 걸쳐 아우터를 대신하기도 한다. 소나기가 내리는 날엔 머리에 베일처럼 둘러 소중한 머리카락을 보호할 수도 있다. 게다가 휘리릭 두르면 평범하던 패션이 개성 있는 차림으로 완성되니, 어찌 스카프를 사랑하지 않을 수 있을까.

어느 날 갤러리 라파예트 백화점을 구경하는데 1층에서 대대적으로 스카프를 세일하고 있었다. 이 기회에 나도 스카프 좀 둘러볼까? 고심 끝에 두 개의 스카프를 샀다. 검은 라이더 재킷 위에 형형색색 패턴이 화려한 스카프 하나를 두르자 순식간에 패피(Fashion People)로 변신했다. 만족스럽게 새로 산 스카프를 길게 늘어뜨린 채로 집에 돌아오는 길, 마침 바람이 불어 휘날리는 스카프를 보고, 같은 건물에 머무는 프랑스인이 외쳤다.

"유 룩 라이크 어 패리지앵!"
(너 파리지앵 같아)

파리에 올 때 꼭 챙겨 와야 할 것 같은 책 〈파리는 날마다 축제〉. 이 책은 우리에게 〈노인과 바다〉로 잘 알려진 '어니스트 헤밍웨이'의 작품이다. 파리에 대한 헤밍웨이의 사랑은 어느 정도였을까.

> "파리는 내게 언제나 영원한 도시로 기억되고 있습니다. 어떤 모습으로 변하든, 나는 평생 파리를 사랑했습니다. 파리의 겨울이 혹독하면서도 아름다울 수 있었던 것은 가난마저도 추억이 될 만큼 낭만적인 도시 분위기 덕분이 아니었을까요. 아직도 파리에 다녀오지 않은 분이 있다면 이렇게 조언하고 싶군요. 만약 당신에게 충분한 행운이 따라 주어서 젊은 시절 한때를 파리에서 보낼 수 있다면, 파리는 마치 '움직이는 축제'처럼 남은 일생에 당신이 어딜 가든 늘 당신 곁에 머무를 거라고. 바로 내게 그랬던 것처럼."
> -어니스트 헤밍웨이, 1950, 인터뷰 중에서

〈파리는 날마다 축제〉는 헤밍웨이가 1921년에서 1926년까지 파리에서 보낸 시간을 추억하며 쓴 회고록이라고 한다. 번역자는 이를 두고 '어니스트의 화양연화'라는 근사한 이름을 붙여주었다.

1899년생인 헤밍웨이가 파리에 체류하던 때는 1921년부터 약 5년간이니 당시 그는 20대 초반의 청년이었고, 그래서인지 이 책을 통해 헤밍웨이의 색다른 면모를 발견하게 된다. 노인과 바다로 노벨문학상을 거머쥔 문학의 거장 헤밍웨이가 아니라, 꿈과 열정만으로 파리에 와서 살면서, 미래를 불안해하고, 더 나은 작가가 되고자 고군분투하던 풋내기 헤밍웨이를 말이다. 책 속에서 헤밍웨이는 '셰익스피어앤컴퍼니 서점'에서 외상으로 책을 빌려 읽고 오늘 하루 먹을 음식에 대해서도 걱정하는 가난한 문학청년이다.

내가 재미있게 읽은 부분은 헤밍웨이가 거트루드 스타인 여사로부터, '〈애틀랜틱 먼슬리〉나 〈새터데이 이브닝 포스트〉 등 당대에 내로라하는 잡지에 글이 실릴 정도의 훌륭한 작가는 되지 못하겠지만 나름대로 새로운 장르를 개척한 작가가 될 수 있을 거'라는 떨떠름한 평가를 받는 대목이다. 스타인은 헤밍웨이의 습작에 대해 '전시할 수 없는' 작품이라며, 그런 글은 쓰지 말아야 한다고 지적하기까지 한다. 그러자 헤밍웨이는 '나는 반박하지 않았다. 해명하려 들지도 않았다. 그건 순전히 내 문제였고, 뭐라고 말하기보다는 묵묵히 듣고 있는 편이 훨씬 더 재미있기 때문이었다'고 속마음을 기록했다. 나는 카페에 앉아 책을 읽다가 피식 웃고 말았다. 헤밍웨이의 모습이 너무나 인간적이

A Moveable Feast
파리는
날마다
축제

고 현실적이어서. 지금의 나와 별 차이가 없어서. 이 가난한 꿈쟁이 젊은이가 훗날 노벨문학상, 퓰리처상을 받는 대작가가 되리라고 누가 예상을 했을까? 아마 본인도 몰랐을 테지.

이니스트 헤밍웨이에게 이런 시절이 있었다는 사실이 내겐 큰 힘이 됐다. 이 힘의 정체는 아마도 내가 느끼는 감정, 그리고 내가 사는 각박한 현실이 나 혼자만의 것이 아니라 누군가와 공유할 수 있는 것이며, 그 누군가는 나보다 먼저 같은 길을 갔다는 것에서 비롯한 안도감일 것이다. 그렇다면 나에게도 희망이 있다. 비 오는 아침 파리의 카페에서 만난 젊은 헤밍웨이는 내게 더 나은 삶을 살 수 있다고 말해 주었다. 헤밍웨이가 사랑해 마지않는 도시 파리에서 책을 통해 깊은 교감을 할 수 있음이 어찌나 감사한지. 파리는 예나 지금이나 머무는 자의 영혼을 풍요롭게 한다.

파리 한복판에서 외치다

여행 날짜가 정해지면 거의 모든 여자가 확인하는 것이 있다. 바로 달력이다. 활동량이 평소보다 현저하게 늘어나는 여행 때 생리 기간이 겹치면 여간 불편한 게 아니기 때문이다. 그러나 피하고 싶은 일은 얄궂게도 꼭 중요할 때 찾아오는 법. 꿈에 부풀어 파리에 도착한 다음 날, 나는 그날을 맞이했다.

생리통약도 챙겨오지 않았는데. 살살 신호가 오더니 마침내 배가 미친 듯이 아파지기 시작했다. 하는 수 없이 현지 약국에서 진통제를 사는 수밖에. 불어의 F자도 모르니 덜컥 걱정이 앞선다. 프랑스인은 영어도 잘 못 한다던데…. 저 멀리 약국이 보이고, 약사에게 뭐라고 설명해야 할지 머리를 굴리기 시작한다. '한-불' 구글 번역기를 돌리는 것이 좋겠다.

검색어를 입력하니 생리통에 해당하는 불어가 뜬다. 그런데 문제는 불어 알파벳을 보아도 읽을 줄을 모른다는 것. 유용하게도 이럴 때를 위해 구글 번역기에는 스피커 기능을 마련해 두었다. 바로 눌러 본다. 그런데 때와 장소가 문

한국어	⇄	프랑스어
생리통		×
crampes Période		→

제였다. 스피커를 눌렀을 때 나는 하필 횡단보도에서 신호를 기다리는 중이었던 것, 퇴근길 횡단보도엔 매우 많은 사람이 서 있었고 내 스마트폰의 볼륨은 아마 최고로 설정되어 있었던 것 같다.

@@@~!

우렁차게 뿜어져 나온 불어 단어 하나에 옆에 서 있던 프랑스 사람들이 모두 나를 바라본다. 불어로 '생리토오오오옹!!!' 하고 소리 지른 것과 같으니 이 사람들은 나를 얼마나 측은하게 바라보았을까. 몹시 당황한 나는 활짝 미소 지으며 손가락으론 멈춤 버튼을 연신 눌러댔다. 생리통을 이렇게 국제적으로 광고할 의도는 없었는데.

신호가 바뀌자마자 최대한 빠른 걸음으로 걸어서 길 건너편에 있는 약국에 들어갔다. 이왕 이렇게 된 것, 약사 앞에서도 스피커를 눌렀다. 번역기의 우렁찬 발성을 듣고는 약사님마저 놀라는 게 느껴졌지만 무사히 뜻이 전달된 모양이다. 그렇게 사온 사연 있는 생리통약은 한국 약보다도 훨씬 잘 들었고 복용 20분 만에 진통 효과를 내기 시작해 5시간을 잘 버틸 수 있게 해 주었다. 번역기 굳 잡!

카페 알롱줴, 실부쁠레

아침에 눈 뜨면 가장 먼저 생각나는 것은? 갓 내린 아메리카노 한 잔! 아침 식사를 거르는 내게 커피가 '첫 끼'가 된 지 어언 10년이다. 〈논스톱〉에서 한예슬이 "캐러멜 마키아토"를 외치던 시절 달콤한 마키아토에 입문해, 시럽 뺀 카페라테로, 마침내 아메리카노로 거취를 옮기며 커피의 세계에 발을 들였다. 나의 커피 사랑은 제법 수준급으로, 만들 줄은 몰라도 먹을 줄은 안다고 자부하고 있다.

몇 해 전 커피 여행을 주제로 방송프로그램을 만들면서 커피를 두루-만드는 법만 빼고-공부했다. 세계에서 처음으

로 '카페 문화'를 향유한 지역은 유럽이지만 우리에게 더 익숙한 것은 미국식 커피다. 우리가 흔히 떠올리는 '카페'라는 것은 스타벅스를 필두로 한 미국의 카페 문화가 이식된 것으로 보면 된다. 그래서 미국 여행을 하며 카페를 가면 낯설 것이 전혀 없지만 유럽의 카페는 꽤 이질적이다.

유럽 카페의 기원은 17세기 말로 거슬러 올라가는데 당대 지식인과 예술가가 '술 없이' 토론하는 장소로 큰 인기를 끌어 우후죽순처럼 생겨난 것이라고 한다. 파리에는 그때 생겨난 역사적인 카페가 아직도 굳건히 자리를 지키고 있다. 세계 최초의 카페라는 명성을 가진 Le Procope, 피카소가 드나들었던 것으로 유명한 Le Deux Magots, 철학자 커플 보부아르와 사르트르가 아지트로 삼았다던 Cafe de Flore 같은 곳이다. 역사적으로 유명한 카페 이외에도 크고 작은 카페가 한 블록에 하나씩 있고, 파리 사람들은 카페를 생활 일부분으로 받아들이고 있다.

파리의 로컬 카페는 아메리카노를 팔지 않는다. 처음 파리에 도착했을 때 가장 아쉬운 것이 양 많은 아메리카노를 쭉 들이키지 못한다는 것이었다. 로컬 카페에서 '카페(커피) 플리즈'라고 하면 진한 에스프레소가 한 잔 나온다. 커피 품질이 좋아서인지 한국에서 먹었던 에스프레소보다는 훨씬 맛있었지만, 그래도 쓰긴 쓰다. 가끔 무거운 식사 후에 입가심으로 먹을 만 하지만 눈 뜨자마자 에스프레소 한 컵을 원샷 하고 싶지는 않았다. 물론 대형 카페 프렌차이

즈인 PAUL이나 스타벅스도 어렵지 않게 찾을 수 있지만, 파리에서만큼은 되도록 미국식 대형 카페 체인보다는 로컬의 작은 카페를 이용하고 싶었다.

아메리카노는 포기해야 할까? 최선은 아니지만, 차선은 있는 법이라고, 검색하다가 아메리카노에 필적할만한 커피 마시는 법을 알아냈다. 카페 알롱줴! 카페 알롱줴는 카페(에스프레소)에 물을 더 넣어달라는 뜻이다. 아메리카노와 에스프레소의 중간 정도 되는 커피라고 생각하면 된다. 물만 조금 더 들어가므로 가격도 일반 에스프레소와 같다. 대부분의 카페에서는 메뉴판에 카페 알롱줴가 따로 써 있지 않았지만, "카페 알롱줴, 씰부플레(주세요)" 라고 말하면 백이면 백 한 번에 알아듣고 맛있는 커피를 가져다주었다. 낯선 나라에서 메뉴에도 없는 커피를 주문할 때의 기분이란!
은근히 힘이 들어간 어깨를 으쓱으쓱하며 카페알롱줴를 한 잔 마시며 시작하는 하루는 정말 근사하다.

벼룩시장의 매력은 끝이 없다. 좋은 물건을 싼값에 구할 수 있다는 점에서도 좋지만, 행여 내가 살 물건을 발견하지 못한다고 해도 괜찮다. 옷이며 그릇, 장신구 등 손때 묻은 물건에는 누군가의 이야기가 담겨 있고, 그것에 귀를 기울이는 것만으로도 하루가 즐거워지기 때문이다.

벼룩시장에 재미가 들린 때가 있었다. 방배동 토요 벼룩시장, 동묘역 벼룩시장, 대학 앞의 작은 중고옷가게 등 벼룩시장을 찾아 서울 곳곳을 누비고 다녔다. 우스갯소리로 벼룩시장만을 포스팅하는 블로그를 열까 했을 정도로 남다른 애착을 가졌다. 그래서 여행지에 가면 꼭 로컬 벼룩시장을 찾아간다. 대학 졸업사진을 찍을 때 입은 자주색 미니드레스도 홍콩의 벼룩시장에서 몇천 원에 구입한 것이라면, 나의 벼룩시장 사랑이 좀 와 닿을까.

파리에 도착한 다음 날, 동네 마실을 나갔다. 오 분쯤 걸었을까. 마치 기다리기라도 했다는 듯 내 앞에 벼룩시장이 펼쳐지고 있었다. 주섬주섬 물건을 가져오는 사람들, 벌써 판을 깔고 호객을 하는 사람들, 나처럼 기웃거리는 사람들까지. 영락없는 로컬 벼룩시장의 풍경이었다.

"곤니치와, 컴히어, 프리티."
나에게도 말 걸어 주는 사람이 있다. 조금 더 가까이 다가가 물건을 살피기 시작했다. 팔리기 위해 바닥에 깔린 물건들은 하나같이 멋졌다. 1유로에 파는 컵 하나, 접시 하나까지도 가격이 믿기지 않을 만큼 디자인이 좋았다. 이래서 유럽 유럽 하나보다, 천천히 생각하고 신중하게 나의 첫 벼룩 아이템을 골랐다.

당첨된 것은 폴란드풍 무늬가 그려진 화병 하나와 와인 잔 하나. 가격은 두 개 합쳐서 단 2유로. 기분이 날아갈 듯 좋았다. 나중에 알고 보니 그 날 열린 벼룩시장은 불어로 '비드 그르니에', 다락방 비우기라고 한다. 벼룩시장의 종류 중에 전문 상인이 하는 것이 따로 있다면, 비드 그르니에는 일반인이 자신의 다락방(창고)에 있는 물품을 내다 파는 것이다.

예상치 못한 곳에서 벼룩시장을 만나고, 이렇게 예쁜 것들과 인연이 닿는 것. 참 멋진 일이다. 게다가 파리에 사는 누군가의 다락방에 있던 물건이라니! 물건을 쓰던 사람과 실가닥 같은 커넥션이 생긴 기분이다. 파리에 잘 왔다고 웰컴 선물을 주는가 보다.

라
라
랑

파리, 하면 떠오르는 영화가 몇 개 있다. '물랑루즈', '비포 선셋', '아멜리에', '미드나잇인파리', '줄리앤줄리아'. 최근 어마어마한 인기를 끈 '라라랜드'도 목록에 올릴 수 있겠다. 영화의 주 배경은 미국 캘리포니아지만 주인공 '미아'가 꿈을 이루는 원더랜드가 바로 파리이기 때문이다.

'라라랜드'는 내게 인생영화라고 여겨질 만큼 소중한 영화로, 파리에 오기 전 영화관에서 두 번을 관람했다. 그런데 운 좋게도 파리에서 '라라랜드'를 상영하는 극장을 발견했다. ODEON역에 있는 제법 큰 영화관이었는데, 기회를 놓칠세라 꿈의 땅 파리에서 세 번째 '라라랜드'를 보기로 했다.

구글 번역기를 돌려가며 영화관 홈페이지를 살펴보니 날짜와 상영 시간을 알 수 있었다. 온라인 예매 시스템은 없

는 것으로 보여 직접 발품을 팔았다. 영화 상영 두 시간 전 영화관 매표소에서 표를 구매했다. 영화표는 우리 돈으로 약 2만 원 정도. 학생 신분을 증명할 수 있으면 거의 40퍼센트쯤 할인된다고 했지만 나는 학생이 아니므로 패스. 표를 다 사고 나니 이루 말할 수 없는 뿌듯한 기분이 들었다. 불어를 못하기 때문에 이렇게 사소한 일상의 과제 하나를 완수하면 얼마나 성취감이 큰지, 약 30분간 세상을 다 가진 기분이 든다.

영화관에 입장하고부터는 한국과 별반 다를 것이 없었다. 소극장 정도 되는 작은 관에서 삼삼오오 앉아 영화를 보고, 함께 웃고 운다. 하지만 '미아'가 그토록 바라던 꿈을 이룬 파리에서 '라라랜드'를 보고 있다는 사실에, 감동이 한국에서보다도 훨씬 컸다. 마스터피스로 손꼽히는 에필로그가 상영되는 시점엔, 너무 좋다고 소리를 치고 싶을

만큼 감정이 고조되었다. 그 순간만큼은 내가 바로 엠마 스톤이고 '미아'였다. 스크린이 사라지면 이 땅에서 나의 꿈이 이루어질 것만 같은 환상에 젖어들었다. 기나긴 크레딧이 오르고 까만 화면이 적막을 가를 때 까지, 나는 이미 궁극을 넘어선 카타르시스의 여운을 곱씹으며 오래도록 앉아있었다.

영화관에서 나오니 캄캄한 밤이 내려 있다. 누가 볼까 좌로 한 번 우로 한 번 눈치를 살핀 후, 영화 속 미아와 세바스찬처럼 땅에 구둣발을 탁탁 튀기며 탭댄스를 춰 본다. 마음 한가득 넘실대는 OST를 배경음악 삼아 복화술 같은 몸짓으로 상상의 춤을 춘다. 파리 한복판에서 나만의 영화를 상영한다.

프랑스 사람들은 라라랜드를 '라라랑'이라고 한다. 제목까지 이토록 아름다울 수 있다니. 판타지처럼 아름다운 파리의 '라라랑'을 내 가슴에 묻는다.

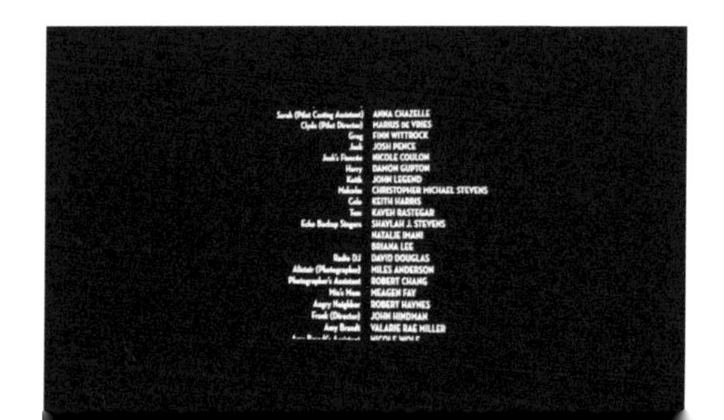

사실 현지 언어를 몰라도 여행하는 데는 큰 지장이 없다. 손짓 발짓에 표정까지 더하면 세상 어디를 가도 기본적인 의사소통은 가능하다. 하지만 손짓 발짓이 안 통하는 절체절명의 순간이 바로 음식을 시킬 때다.
보통 나는 메뉴판에서 알파벳을 추측하거나 옆 테이블의 음식을 가리키며 같은 것을 달라고 하는 편이다. 그런데 두 가지 방법 모두 통하지 않는 위기가 찾아왔다.

배가 고파 동네 식당을 찾아갔는데 내가 저녁 타임 첫 번째 손님이었다. 흰 티셔츠에 찢어진 청바지를 입은 예쁜 웨이터가 나를 작은 테이블로 안내했다. 캔들에 불을 붙여주고 메뉴판을 주었는데 읽을 수 있는 글자가 몇 개 없었다. 첫 손님이었으므로 옆 테이블을 컨닝할 수도 없는 상황. 메뉴판에 적힌 글씨를 일일이 구글링할 수도 없고 해서 추측할 수 있는 단어만 골라서 보기로 했다.
내가 유일하게 읽을 수 있는 글자는 saumon과 tartare de boeuf 였다. 두 가지면 충분하다! 하나는 연어, 하나는 타르타르 소스를 곁들인 소고기라는 거구나. 배가 아주 고팠으므로 연어보다는 소고기를 선택하기로 한다. 여유 있게 웃으며 소고기 메뉴를 가리켰다. 그녀는 불어로 몇 번이나 내게 뭔가를 물었다. 내가 전혀 알아듣지 못하자 고민을 하더니 영어로 'row?'라고 하는 것이었다. 옳거니! 나는 스테이크를 레어로 먹는다. 그러니까 그녀가 스테이크 굽기를 어떻게 하고 싶냐고 묻는 것이구나.

"OK, Rare Please."

잠시 후 요리가 나왔을 때 나는 크게 당황했다. 그녀의 'row'는 진짜 로우, 그러니까 생고기가 괜찮냐는 뜻이었다. 하얀 접시에 곱게 간 생소고기가 빨간 얼굴로 나를 기다리고 있었다. 타르타르 비프 라는 것은 타르타르 소스를 곁들인 스테이크가 아니라 '육회'의 불어였다. 함께 곁들여 먹는 민트 잎과 양념이 육회 옆에 간결하게 장식되어 있었다.

내가 유일하게 못 먹는 음식이 바로 육회다. 곱창이나 양대창, 생선 내장 같은 것도 가리지 않고, 스테이크도 레어로만 먹으면서 이상하게도 육회만은 먹지 못한다. 육회를 먹으면 뭔가 먹어서는 안 될 생살을 씹고 있는 기분이 들어서다. 그나마 한국의 육회는 달걀 노른자와 참기름으로 고소하게 양념이라도 되어 있지, 프랑스의 육회는 정말로 생고기 본연의 모습이었다. 민트 잎과 양파, 후추가 있기는 했지만 그런다고 생고기가 익은 고기가 되는 것은 아니었다.

선무당이 사람 잡는다고 왜 beauf라는 글씨를 알아봐서 이 메뉴를 주문하게 된 걸까. 3만 원이나 하는 요리를 버릴 수도 없고. 나를 원망하며 질겅질겅 육회를 몇 번 씹었다. 윽. 왠지 피가 흘러나오는 느낌이 들었다. 참기름이라도 있으면 비벼서 먹어보겠는데 생고기를 그대로 씹자니 피의 향까지 음미하게 될 지경이었다. 도저히 못 먹겠다 생각한 나는 웨이터를 호출했다.

"정말 죄송한데, 이거 좀 익혀주실 수 있을까요?"

그렇게 여러 번 물었는데도 호기롭게 생고기가 괜찮다고 외치더니 이제 와서 구워달라고? 라고 말하진 않았지만, 그녀는 분명 그렇게 생각했을 것이다. 창피해도 어쩌랴. 배도 고프고 돈도 아까우니 체면 불구하고 부탁할 수밖에. 조금 뒤에 그녀는 앞뒤로 구워진 육회를 가져왔다. 하지만 기쁨은 오래가지 못했다. 워낙 육회가 두툼하게 쌓여 있는 까닭에 표면만 살짝 익었을 뿐 안에 있는 고기는 생고기 그대로였다. 불이 닿으니 한층 비린내만 올라왔을 뿐 먹을 만한 음식이 아니었다. 구워준 성의를 생각해 포크로 살실 떠서 익은 고기만 골라 먹었다.

눈물을 머금고 접시에 고기를 잔뜩 남겨둔 채 자리를 떴다. 그리고 부리나케 집으로 돌아가 메뉴판에 나오는 불어를 열심히 공부했다. 오늘의 교훈을 말하자면, tartare는 타르타르 소스가 아니다.

나에게

튤립을

선물하다

1년에 꽃을 몇 송이나 살까? 동생의 졸업식, 엄마 생일, 동료가 상을 받을 때. 내가 꽃을 산 건 그 정도, 꽃을 받는 날은 내 생일이나 기념일 정도가 되겠다. 꽃은 특별한 날에만 주고받는 귀한 선물인 셈이다.
우리나라 1인당 연간 꽃 소비량은 약 1만 3천 원에 그친다고 한다. 요즘 꽃다발 하나를 사도 2만 원이 훌쩍 넘어가니, 한 사람이 1년 동안 꽃다발 한 개를 채 사지 않는다는 것이다. 반면 유럽은 한 사람당 1년에 10만 원 이상 꽃을 산다. 우리보다 열 배 많이 꽃을 구매하는 것이다.

파리에는 꽃집이 참 많다. 단순히 많다고 하기엔 좀 아쉬운 것이, 꽃집이 내뿜는 존재감이 크다는 게 더 어울리는 표현일 것 같다. 거리를 걷다 보면 심심치 않게 꽃집이 눈에 띄는데 거리까지 꽃이 진열되어 있다. 인심 좋은 사과장수가 리어카에 사과를 깔아놓고 한 조각 잘라주며, '한 번 먹어보소!' 하는 식으로 꽃을 훅 펼쳐놓은 느낌이다. 그리고 길을 걷던 행인들은 남녀노소 가릴 것 없이 꽃을 구경하다가 몇 송이씩 손으로 집어 사 간다. 이들에겐 꽃 사는 게 참 쉽다. 기념일이 아니어도 상관없고, 꽃을 줄 대상이 딱히 있어서도 아니고, 돈이 많아서 사치하는 것도 아니다.

파리의 꽃은 표정부터 다르다. 그동안 내가 알고 있던 '꽃'이 엄격한 가문에서 자란 '양갓집 규수' 같다고 하면, 파리의 꽃들은 높고 넓은 알프스 산맥에서 뛰어놀다가 소젖을 짜 치즈를 만들어 먹는 말괄량이 알프스 소녀 같은 분위기를 지니고 있었다. 사람들이 꽃 바스켓에서 크고 싱싱한 꽃을 몇 송이 뽑아 갱지에 둘둘 말아 사 가는 풍경은 내가 유럽에 왔음을 실감케 했다.

하루는 시장 구경을 갔다가 거대한 꽃 골목을 만났다. 청량리 약령시장같이 커다란 재래시장의 한 코너를 전부 꽃들이 채우고 있었다. 총천연색의 색깔과 거리를 메우고 있는 향기는 나의 발걸음을 잡아 끌 만했다. 무언가에 홀린 사람처럼 나는 정신없이 꽃 시장 한가운데로 빨려 들어갔다. 마침 벼룩시장에서 산 화병이 집에 외롭게 놓여있는 터라 나를 위한 꽃을 한 번 사보기로 했다.

내 마음을 사로잡은 것은 단연 큰 송이를 가진 튤립이다. 튤립이라고 하면 네덜란드를 떠올렸는데 파리의 튤립은 정말 탐스럽고 예쁘다. 그 중에서도 봄빛을 한껏 머금고

있는 분홍 튤립은 그 자체로 사랑스러움의 극치였다. 할 수만 있다면 저 분홍빛을 내 볼에 옮기고 싶다는 생각을 하며 튤립 한 묶음을 샀다. 금액은 한화로 8천 원 정도. 물가를 생각하면 꽃값은 저렴한 편이다.

튤립을 손에 들고 집에 돌아오는 길부터 예상치 못한 큰 행복이 나를 에워싸는 것을 느꼈다. 그동안 내 손으로 꽃을 살 땐 늘 누군가에게 선물하기 위함이었기 때문에 이런 기분은 처음 느끼는 것이었다. 꽃을 받았을 때와도 차이가 있었다. 특별한 날, 누군가 나를 축하해주기 위해 사준 꽃을 받았을 때는 좋은 날 좋은 선물을 받아 기쁜 것이었으므로 그 기쁨이 오롯이 꽃에서 비롯한 기쁨은 아니었으니까.

집에 돌아와 화병에 꽃을 꽂았다. 그 모습이 얼마나 아름다운지 한참을 바라보고, 조금 있다 또 바라보면서, 장난감을 새로 산 어린아이처럼 기뻐했다. 아무 날도 아닌 보통의 날에 내가 나를 위해 산 꽃은 나를 가치 있는 사람으로 만들어준다. **행복해질 수 있는 간단한 비결을 여태 모르고 살았다니! 8천 원의 행복이 바로 여기에 있다.**

센 강을 달리는 배, 바토무슈

한강에 유람선이 있다면 센 강엔 바토무슈가 있다. '센 강을 따라 흐르는 배.' 더 무슨 말이 필요할까. 강가에 노을이 깔린 선선한 저녁에 부푼 마음으로 바토무슈에 올랐다.
저녁 7시부터 빛나기 시작한 에펠탑이 나를 배웅하며 부웅- 하고 유람선이 떠나자 차가운 바람이 얼굴을 스친다. 파리, 하면 떠오르는 랜드마크 건물들 사이를 가르며 유람하니 마치 영화 속에 들어와 있는 기분이다. 파노라마처럼

펼쳐지는 파리의 야경은 초현실적인 아름다움을 자랑한다. 점점 멀어지는 에펠탑은 아득한 곳에서 반짝거린다.

가슴 깊은 곳에서 솟아난 뜨거운 감동이 갈 곳을 찾다가 눈으로 우르르 몰려나왔는지, 차가운 밤공기를 만나 그렁그렁 몇 방울의 눈물로 맺힌다.
이 시간이 뫼비우스의 띠처럼 영원히 반복된다면 얼마나 좋을까. 온몸이 전율하는 아름다운 항해를 수만 번쯤 계속한다면 설사 그 끝에 죽음을 마주한다 해도 별로 억울하지 않을 것만 같다. 달빛의 섬세한 떨림마저 느껴지는 바토무슈 위에서 아득한 꿈을 꾼다.

잘못하면

턱

빠져요

파리 사람들은 길거리에서 빵을 먹는다. 나는 그것을 보고 '길빵'이라는 이름을 붙였다. 길을 걸으며 담배 피우듯이, 아니 그보다 자연스럽게 아이스커피를 빨대로 마시듯, 이들은 빵을 먹으며 걷는다. 걷다가 벤치에 앉아서 먹는 사람도 있다. 그리고 대부분의 경우 그 빵은 바게트다.
아침이면 종이에 싼 바게트를 옆구리에 끼고 걷는 모습을 쉽게 볼 수 있는데 꽤나 낭만적인 장면이다. 파리지앵에게 바게트는 영혼의 양식 같은 것이다. 그 모습을 보면 저절로 바게트를 먹고 싶어진다.

인기 있는 동네 빵집에 줄을 서 바게트 하나를 샀다. 제일 많이 사가는 바게트를 달라고 했는데 크기도 얼마나 큰지 과장을 전혀 안 보태고 딱 내 종아리만 하다. 집에 돌아와 바게트를 먹기 시작했다. 첫 느낌은? 오, 맛있는데. 겉은 바삭하고 속은 쫀득쫀득. 곡물의 고소한 향이 코를 먼저 사로잡고 한 입 베어 무는 순간 우수수 뿜어져 나오는 빵가루가 그렇게 고울 수 없다. 이래서 '파리 바게트'구나, 감탄하며 계속 바게트를 뜯는다.

1/3쯤 먹었을까. 턱에서 '빠지직' 하고 신호가 온다. 내 턱이 그리 강하진 않지만 그래도 삼겹살을 2인분쯤, 오도독뼈와 함께 씹어 먹었을 때나 나타나는 증상이다. 아직 먹

어야 할 바게트가 20센티나 남아있는데 왜 턱이 말썽인가 원망하며 몇 번 더 베어 물었지만, 으드득으드득 턱이 시위하기 시작한다.

빵 먹다 턱이 빠지다니, 이게 가능해? 듣지도 보지도 못한 증상에 궁금증을 참지 못하고 인터넷에 검색을 해보기 시작했다. '바게트', '바게트 턱', '바게트 질겨요'. 검색어를 몇 개 넣지도 않았는데 글이 꽤 많이 나타났다. 바게트 먹다 턱 빠질 뻔한 게 나뿐이 아니라는 것이다. 프랑스 사람들은 어떻게 이 바게트를 다 먹는 거냐는 내용, 바게트 질겨서 못 먹겠다는 내용이 줄줄이 뜬다. 서양 사람들은 고기를 많이 먹어 우리보다 턱이 튼튼할 거라는 글도 있다.

손에 든 바게트를 빤히 바라보다가 일방적인 이별을 고했다. 미안하지만 우리는 안 맞는 것 같아. 고마웠고, 넌 질긴

바게트였어. 다신 보지 말자.

파리에 있는 동안 나는 빵을 매일 사 먹었지만 바게트는 그 날이 마지막이었다. 프랑스엔 턱 빠지는 바게트 말고도 먹어야 할 맛있는 빵이 너무 많으니까. 그래도 다시 파리에 간다면 한 번은 다시 사 먹어 보고 싶다. 프랑스 인의 소울브레드를 다시 경험해 보고 싶으니까.

파리에는 치즈 가게가 유난히 많다. 동네를 하릴없이 어슬렁거리다 보면 심심치 않게 마주치게 된다.

치즈 가게 냉장고에는 수많은 치즈가 진열돼 있다. 내가 아는 치즈라고는 코스트코에서 봤던 모차렐라 치즈, 체더 치즈, 하바티 치즈, 뮌스터 치즈, 리코타 치즈, 고르곤졸라 치즈 정도가 전부인데 파리의 치즈 가게에는 생전 처음 보는 노랗고 누렇고 퍼런 치즈가 가득하다. 곰팡이가 잔뜩 낀 치즈를 상온에 매달아 두기도 한다. 치즈라는데 소시지 같기도 하고 굴비 같기도 한 게 참 신기할 따름이다.

와인에 곁들일 치즈를 달라고 했더니 '콩테 치즈'를 추천해 준다. 황톳빛이 감도는 콩테 치즈는 겉이 딱딱한 게 특징이다. 평소 프랑스 사람들이 많이 먹는 치즈 중 하나라고 한다. 하나만 사기는 섭섭하니 구린내가 나는 둥그런 블루치즈도 한 덩이 샀다. 한국인 중에서는 나름 고린내에 강한 편이라 자부하며 낯선 치즈 두 개를 집에 들였다.

짙은 어둠이 깔린 밤, 혼자 방에서 와인 한 잔과 콩테 치즈를 먹는다. 짭조롬하면서도 고소한 풍미가 돌아 와인에 곁들이는 디저트로 제격이다. 치즈가 딱딱하다 보니 과자를 먹는 기분으로 야금야금 한 토막을 해치웠다.

냄새가 강렬한 블루치즈는 아침 메뉴로 당첨. 잘게 쪼개서 샐러드에 넣어 먹으니 채소를 단백질로 감싸주는 게 궁합이 아주 좋다. 하지만 혼자 먹기엔 블루치즈 한 덩이가 너무 많아 다음 날 아침에도 떼어 먹고, 그다음 날엔 스테이크에 곁들여 먹었어도 다 먹을 기미가 안 보인다. 나름 내가 치즈를 좋아하는 사람이라고 자부하며 살았는데, 냉장고에 덩그러니 남은 블루치즈를 보니 더 이상의 치즈는 무리다.

매일 들리게 될 줄 알았던 치즈 가게는 그 날이 처음이자 마지막이었다. 나의 치즈 사랑은 겨우 그 정도였던 걸로 결론이 났다. 사람이건 치즈건 겪어봐야 진심을 안다. '미안하다, 프랑스 치즈야. 내 사랑은 거기까지였어'

한국에서 가져온 클렌징오일이 똑 떨어졌다. 급한 대로 집 근처 대형마트 모노프리로 달려갔다. 아니 그런데 이게 웬 일? 모든 화장품이 오로지 불어로만 설명되어 있다. 메이크업리무버로 추정되는 것을 몇 개 집어 요리 보고 저리 봐도 그 흔한 영어 단어 하나를 발견할 수 없다.

"Can you speak English?"
지나가는 사람들 붙잡고 묻기를 여러 차례, 마침내 환하게 웃으며 "YES! What can I help you?"를 외치는 아주머니를 만났다.

메이크업을 지우는 클렌징오일을 찾는다는 나에게, 아주머니는 파란 액체가 담긴 병을 쥐여준다. 진심으로 고마움을 전달하고 집에 와 세면대에 앞에 섰다.
미용 티슈를 꺼내 파란 액체를 톡톡. 얼굴을 쓱- 닦아내는데, 응? 화장이 지워지지 않는다. 사용법이 한국과 다른가? 손에 액체를 덜어 스킨 바르듯 얼굴에 톡톡 올려 보았다.

송골송골 액체가 얼굴에서 겉돈다. 대체 이 화장품의 정체는 뭐지? 벅벅 문질러 보아도 화장은 지워지지 않는다. 현지에서 산 클렌징 오일로 세안하기, 별로 어려운 일도 아닌 데 실패했다. 보디샴푸를 손에 덜어 거품을 내고 얼굴에 비벼서 대충 씻는다. 에잇, 별일은 없겠지.

잠시 후, J와 영상통화를 하는데 의외의 피드백이 날아왔다.
"얼굴에 뭐 발랐어? 얼굴에서 빛이 나는데?"

파란색 정체 모를 화장품에 프랑스 온천수라도 들어 있는 걸까. 그 덕에 파리에서 지내는 내내 얼굴에서 반질반질 윤이 났다는 훈훈한 스토리로 해피앤딩!

몽마르트르 언덕 오르기

예술가들의 성지였다는 몽마르트르 언덕에 꼭 올라보고 싶었다. 하지만 가뜩이나 위험한 파리에서 몽마르트르는 우범지대라 절대 가면 안 된다고 많은 사람이 겁을 주었다. 하지만 결론부터 말하자면 몽마르트르는 내가 파리에서 본 잊을 수 없는 풍경 중 탑3에 들 만큼 아름다운 곳이었다.

몽마르트르에 가던 날 두 명의 친구와 함께 언덕을 올랐다. 말이 '언덕'이지 몽마르트르는 동네 뒷산 정도로 가파른 경사를 자랑한다. 지하철역에 내려서 한참을 걷다 보면 언덕 꼭대기까지 오르는 기차가 보인다. 우리는 모두 삼십대였지만 튼튼한 두 다리를 믿었기 때문에 계단으로 걸어

올라갔다. 하지만 정상이 가까워져 올 때쯤 진심으로 후회했다. 다시 몽마르트르에 가면 꼭 기차를 탈 것이다.
계단을 오르다 보면 벽에 그려진 그라피티를 볼 수 있다. 힙- 터지는 그 벽을 보기 위해서라도 몽마르트르에 한 번은 갈 만하다. 계단 중간중간 에펠탑 모형을 파는 상인들이 있는데, 여기에서 파는 에펠탑이 가장 싸다고 한다. 이것저것 구경하며 '다리 아프다' 노래를 부른지 십 분 남짓, 드디어 언덕 꼭대기에 도착했다.

꼭대기에 오르자마자 '헉' 소리가 절로 나왔다. 언덕 위에 세워진 성당이 말로 표현할 수 없을 만큼 아름다웠다. 하얗고 성스러운 성당의 자태가 너무 눈이 부셔서 맨눈으로 바라보지 못할 정도였다. 우아함에 완전히 압도당한 나는 한참 턱을 빼고 그 자리에 서 있었다.
언덕 아래로는 파리 시내가 한눈에 펼쳐지는데 이게 또 할 말을 잃게 만드는 광경이다. 도심의 높은 건물에 올라가서 내려다보는 시내 풍경과는 결코 비교할 수 없었다. 이 풍경이야말로 날 것 그대로라고 할까. 너무 아름다워서 '끅끅' 소리가 났다. 안 왔으면 어쩔 뻔했을까. 신기하게도 몽마르트르 아래로 보이는 세상은 온통 하얗고 파랗다. 청량한 경관이다. 파리 시내에서 가장 많이 보는 색이 빨간색인데 몽마르트르에서 보는 세상은 파랗다 보니, 여행 속의 또 다른 여행을 온 듯한 착각도 들었다.

우아- 탄성을 내지르며 발아래 펼쳐진 푸른 파리를 감상하던 찰나, 마침 거센 비가 몰아쳤다. 물안개가 성큼성큼 기세를 확장해 시야를 덮었다. 숨을 크게 쉬니 가슴이 뻥! 뚫렸다. 열기구 타고 날아가야 할 것 같은 붕 뜬 기분, 바로 지금 여기에서 사랑을 외쳐야 할 것 같아 마음속으로 꽥꽥 소리를 질렀다.
'사랑해- 파리! 사랑해- 내 인생!'
'잘 살자-'

오늘도

돼지런
하게

2005년 독서실 한 쪽에 마련된 휴게실에서 17인치 텔레비전으로 눈물 콧물 쏙 빼며 봤던 드라마가 있었다. 로맨틱 코미디의 전설과도 같은 '내 이름은 김삼순'. 드라마에서 삼순이는 지극히 평범하고 통통한 노처녀 캐릭터였는데-29세 프랑스 유학생 출신 파티시에가 어딜 봐서 평범하고, 어떻게 '노처녀'라는 건지 당최 이해할 수 없지만-삼순이 앞에 백마 탄 왕자님이 나타난다. 레스토랑을 운영하는 재벌 2세 현진언 역의 현빈이다. 현진언이 운영하던 레스토랑 이름은 '보나뻬띠'였는데, 불어로 '맛있게 드세요'라는 뜻이다.

레스토랑이 배경인 데다 삼순이가 프랑스에서 공부하고 돌아온 파티시에였기 때문에 파리를 배경으로 한 에피소

드와 먹음직스러운 음식 이야기가 자주 나왔다. '삼순이'가 삶의 유일한 낙이었던 수험생 시절, 대학에 가면 꼭 프랑스에 여행 가 맛있는 음식을 먹고 고급 디저트도 맛보리라고 다짐했던 기억이 있다.

영화 '줄리 앤 줄리아'도 프랑스 음식에 대한 낭만을 불러일으키는 데 한몫 했다. 미국의 공무원 줄리는 일상의 무료함을 달래기 위해 요리 블로그를 시작하는데, 롤모델로 삼은 대상이 전설의 프렌치 셰프로 남은 줄리아차일드다. 두 여성의 스토리가 교차 편집되어 펼쳐지는 내내 먹음직스러운 프랑스 요리가 등장한다. 와인에 오랜 시간 쪄낸 프랑스식 갈비찜 뵈프부르기뇽을 비롯해 영화에 나오는

음식은 '프랑스 요리는 정성이야'를 보여주는 듯했다.

머리와 가슴으로 프랑스 음식을 품은 지 어언 12년. 파리행 비행기에 오른 순간부터 나는 프랑스 음식을 제대로 즐기고 돌아가겠다고 작정했다. 이름하여 '돼지런' 플랜. 돼지같이 부지런하다고 해서 '돼지런'이다. 파리에서 최대한 많은 음식을 먹기 위해 세 끼를 꼬박 챙겨 먹으며 돼지런을 떨게 되었다. 보통 아침 식사는 그 날 구운 빵을 사서 요거트, 샐러드, 치즈와 함께 먹었고, 점심과 저녁은 맛있는 레스토랑을 찾아가 정식 요리를 먹었다. 가끔은 맛있게 먹은 식당의 레시피를 추측해 파스타나 스테이크를 직접 만들어 먹기도 했다.

프랑스 식당에서 인상 깊었던 것은 카페를 제외한 중간급 이상의 레스토랑이라면 기본적으로 3코스를 준비해 놓는다는 것이다. 코스는 앙트레, 플렛, 디저트로 이루어져 있다. 앙트레는 영어로 애피타이저인데, 한국인들에게는 달

팽이요리 에스카르고, 거위 간 요리 푸아그라, 어니언 수프 등이 잘 알려져 있다. 하지만 막상 레스토랑에 가 보면 식당 고유의 전채요리를 내는 곳이 더 많다. 플렛은 흔히 말하는 메인 디쉬로 고기 요리와 생선 요리가 있다. 닭이나 돼지, 소가 일반적이지만 오리고기와 양고기를 잘하는 집도 많이 보았다. 마지막으로 프랑스 식사에서 빼놓을 수 없는 것이 있으니 바로 디저트다. 크림 브륄레, 초코 무스, 아이스크림 등 식당마다 세 가지 이상의 디저트를 만들어 놓는 것이 일반적인데, 무엇을 먹든 맛이 환상적이다. 애피타이저와 메인디쉬는 한국 식당 중에도 잘하는 곳이 많지만 디저트를 먹을 때만큼은 파리 식당들만의 노하우가 느껴졌다. 디저트를 전문으로 하는 카페만이 아니라 모든 식당에서 맛있는 디저트를 낸다는 사실에 감동한 건지도 모르겠다.

프랑스 식문화에서 느낀 점을 한 문장으로 정의하면, '천천히 함께 음미한다'는 것이다. 파리 사람들은 저녁 7~8시

경 식당에 들어가 문을 닫을 때까지 느긋하게 음식을 먹으며 테이블에서 쉴 새 없이 이야기를 나눈다. 아마도 그들에겐 식사가 저녁 일과의 '전부'가 아닐까. 밥은 1차, 커피나 술이 2차인 우리와 다르게, 와인을 식사에 곁들이는 문화이기에 가능한 일일 수도 있다. 게다가 코스요리엔 디저트가 포함되어 있으니 한 식당에서 그 날의 만남을 마무리하는 데 무리가 없을 것이다.

요리하는 사람도 오랜 시간 음식에 정성을 들이고, 그것을 먹는 사람도 충분한 여유를 가지고 음미하는 것. 그리고 가까운 사람과 그 행복을 공유하는 것. 이것이 프랑스 음식 문화를 빛나게 하는 비결이 아닐까.

마카롱의 마법

마카롱, 마카롱, 마카롱.
이름이 참 신비스럽다.

세 번 연달아 말하면 마법이 펼쳐질 것 같은 마카롱은 프랑스 디저트로 잘 알려져 있다. 믿거나 말거나 통신에 의하면, 마카롱의 조상급에 해당하는 과자는 원래 이탈리아의 디저트였는데 16세기 중반에 이탈리아 귀족이 프랑스 귀족과 결혼을 하면서 프랑스에 마카롱을 소개했다고 한다. 반질반질한 셸에 필링을 넣은, 우리가 지금 알고 있는 마카롱은 프랑스 디저트 기업의 대부 라뒤레에서 만든 형태라고 전해진다.

파리에 왔으니 마카롱을 한 번 먹어봐야지? 마카롱으로 유명한 피에르에르메에서 로즈맛 마카롱과 피스타치오 마카롱을 샀다. 한 입 베어 문 순간, '띠용-' 어떤 맛을 상상하든 그 이상의 맛이다.

향긋한 장미 향을 맡으며 입을 오물거리니 생각지도 못한 상큼한 맛이 점 하나로 혀에 닿으며 콕 박힌다. 마치 고양이가 솜방망이 펀치를 한 대 때리고 부드러운 털로 비비적거리며 애교를 부리는 맛이다. 너무 맛있어서 정신이 혼미해진 나머지 근처 벤치를 찾아 털썩 주저 앉았다. 두 번째 마카롱은 부스러기 하나라도 떨어뜨릴까 조심히 먹는다. 피스타치오 마카롱엔 묵직하고도 고소한 풍미가 있다. 난 참 손도 작지. 왜 두 개밖에 안 산 거야? 그동안 마카롱의 맛을 잘 몰랐던 건, 제대로 된 마카롱을 먹지 않았기 때문이었다. 잘 만든 마카롱은 실로 위대한 디저트임이 틀림없다.

파리산 마카롱에는 세상살이의 고단함을 두 시간쯤 잊을 힘이 들어 있었다.

저 멀리 오늘의 해가 저문다.
'어라? 쟤도 마카롱처럼 생겼네.'
마카롱 두 개 먹고 단단히 취한 모양이다.

"자세히 보아야 예쁘다."

오래
보아야

사랑
스럽다

몇 해 전 한창 유행했던 '풀꽃'이라는 시의 한 구절이다. 파리에도 이 구절을 떠올리게 하는 길이 몇 개 있었다. 그중 내가 가장 좋아한 곳은 마레지구라고 불리는 지역 안에 있는 작은 골목들이다. 목적 없이 의미도 없이 마레지구의 작은 골목을 배회하노라면 팔자 좋은 한량이 된 기분이다.

마레의 중심부에서 날실과 씨실마냥 엮여 있는 작은 골목을 몇 개쯤 지나면 한국 관광객들에게 유명한 편집숍 메르시가 나온다. 메르시에 전시된 예쁜 상품을 구경하고 편집숍 한쪽에 자리 잡은 북카페에서 책 읽기를 수차례, 조금

지루해졌다. 슬슬 미지의 세계를 다시 찾아 나설 차례다.

메르시 건너편에 있는 잡화점에 눈길이 머문다. 상점에 들어서자 제일 먼저 보이는 것은 다양한 유아용품, 여기 있는 유아용품을 쓰기 위해서 아기를 낳아야 할 것 같은 생각이 들 만큼 앙증맞은 옷과 신발이 전시되어 있다. 행여 때가 탈까 손톱이 닿을랑 말랑 조심스럽게 손을 가까이 대어 본다. 아기라는 존재는 대체 무엇이기에 그들이 몸에 걸치는 물건 앞에만 서도 마음이 말랑말랑해지는 걸까.

홀린 듯 몇 발자국 걸어 가게의 중앙에 들어서니 이상한 부스가 눈에 들어왔다. 사진 샘플이 걸려 있는 거로 보아 스티커 사진기 같은데 생긴 모양이 어째 투박하다. 코인 투입구에 2유로를 넣고 부스에 들어갔다. 그 순간 별다른 안내도 없이 거대한 기계가 우웅 소리를 내며 작동하기 시작했다. 마치 슈퍼컴퓨터가 돌아갈 때 냈을 법한 소리를 내며 육중한 기계가 굴러간다. 그러더니 번쩍하는 불빛과 함께 찰칵! 어딜 봐야 할지도 모르는 채로 세 방이나 더 찰칵 찰칵 찰칵! 껄껄 이거 참 재미있는데. 끝이 아니다. 처음보다 더욱 강렬한 소리로 우우우웅 울부짖더니 긴 종이 한 덩이를 뱉어냈다. 나의 멍한 얼굴을 담은 흑백 사진 네 장. 아날로그여서 더욱 낭만적인 깜짝 선물에 나는 바보같이 헤헤 웃고 말았다.

"자세히 보아야 예쁘다. 오래 보아야 사랑스럽다. '나'도 그렇다."

다시, 파리에 가야 할 또 하나의 이유

파리에서 꼭 먹어야 할 음식으로 지인 여럿이 '쌀국수'를 추천했다. 그중에서 단연 최고로 꼽히는 곳은 '송홍'이라는 쌀국수집이다. '송홍' 쌀국수라고? 이름만 들으면 중국 여행에서 가야 할 맛집 같은데? 게다가 음식의 나라 프랑스에서 쌀국수가 웬 말이냐. 하지만 많은 이들이 입을 모아 '송홍엔 꼭 가야 한다'고 외쳤기에 속는 셈 치고 '송홍'을 찾아 나섰다.

퐁피두센터 정류장에 내려 십 분 쯤 걸었을까. 파리 도심 속의 동남아 타운을 만났다. 베트남, 캄보디아, 태국 음식점으로 보이는 가게들이 한 블록에 모여 있었다. 손님들이 드나들 때 열리는 문 사이로 시끌벅적한 생기가 국수 냄새와 함께 새어 나왔다. 왁자지껄한 가게를 몇 개 지나쳐 마침내 '송홍' 쌀국수를 찾았다. 그런데 뜻밖에 가게 앞이 한산하다. 불길한 예감이 스친다. 가게 앞에 가서 확인했더니 역시나 문을 닫았다. 불길한 예감은 틀리는 법이 없다. 뜨

끈한 쌀국수 먹을 생각에 오장육부가 준비운동을 하고 있었는데 아쉬움을 이루 말할 수 없다. 굳게 잠긴 문을 보고 있으니 뱃속에서 원성이 들려온다.
근데 무슨 쌀국수 집이 이렇게 힙-하지? 마치 망원동의 빈티지한 카페 외관을 보는 듯하다. 반신반의하며 찾아온 가게지만 소울 넘치는 생김새에 먼저 반하고 말았다. 여기까지 찾아온 게 억울해서라도 이 집 쌀국수는 꼭 먹어보고 말겠다는 오기가 발동했다.

'송홍'을 찾은 두 번째 날. 오호라, 가게 앞까지 줄을 길게 늘어선 것을 보니 영업일이 맞긴 한가 보다. 내부에 들어가기까지 자그마치 삼십 분을 줄 서서 기다렸다. 뱃속에선 꼬르륵꼬르륵, 안달이 났다.
가게 안은 무척 작았다. 4인용 테이블이 네 개. 방문자는 주로 파리에 여행 온 서양인이다. 특이하게도 이곳에는 합석 문화가 있었다. 누구든지 들어오는 순서대로 4인용 테이블에 함께 앉아야 한다. 홍콩에서는 흔하게 경험하는 일인데 파리에선 처음이다. 밖에 얼마나 많은 사람이 기다리고 있는지 아는 고로, 아무도 토 달지 않고 앉혀주는 대로 앉는다.

메뉴는 딱 두 개. 국물 쌀국수, 비빔 쌀국수. 국물 쌀국수가 압도적인 인기를 자랑한다고 해서 고민 없이 선택했다. 테이블엔 잘게 썰린 매운 고추와 큼지막한 민트 잎과 고수가 놓인다. 곧이어 나온 쌀국수에도 민트가 가득 들어있다. 쌀국수집에서 흔히 보는 고수만 들은 게 아니라 줄기가 미나리만큼 굵은 민트 잎이 한 무더기 올려져 있다. 이미 비주얼로 신선한 충격을 선사한다. 고추를 듬뿍 넣고 국물을 한 모금 들이킨다.

세상에 이런 맛이?! 얼큰함은 상상 이상이거니와 어디서도 먹어본 적이 없는 국물이다. 깊고 진한 육수, 적당히 짭조름한 데다가 약간의 이국적인 향신료가 가미된 맛. 대체 어떻게 만든 국수지? 국물 한 모금에 발동 걸린 식욕은 폭주 궤도에 올라 쌀국수가 바닥을 보일 때까지 계속됐다.
파리까지 가서 왜 쌀국수를 먹냐고? 이 쌀국수를 먹기 위해서라면 파리에 일부러 찾아갈 수도 있겠다. '송홍'의 쌀국수는 내 평생 먹어본 쌀국수 중에 단연 최고로 맛있었다. 앞으로 먹을 모든 쌀국수보다도 맛있다는 것을 확신한다. 아마 서울에 돌아가면 얼큰한 국물이 당기는 날 '송홍 쌀국수'를 눈물 흘리며 그리워할 것 같다. 쌀국수 때문이라도 다시 파리에 가야겠다.

쪼르륵, 투명한 잔에 붉은 와인이 차올랐다. 잔을 가볍게 돌려 향을 음미하고 한 모금을 삼킨다. 평범한 하루가 특별하게 바뀌는 마법이 시작된다.

프랑스는 와인의 나라다. 사실인지 모르지만, 프랑스에서는 여섯 살 난 어린이에게도 가끔 와인을 한 모금 준다는 소문까지 들었다. 스무 살 때 만화책 〈신의 물방울〉로 와인에 처음 관심을 가지게 됐지만, 본격적으로 와인의 매력에 빠지게 된 건 방송 생활을 시작하고 나서다. 막내작가 시절 배우 소유진 씨가 와인을 주제로 여행하는 프로그램에 참여했다. 취재와 섭외가 나의 주 업무였으므로 두어 달간 와인만 생각하고 지냈다고 해도 과언이 아니다. 공부하면 할수록 와인은 너무나 매력적이어서 일을 넘어 사심을 담아 와인을 알아갔다.

로마네꽁띠라는 유명한 프랑스 와인이 있다. 명품으로 치면 에르메스 급. 세계 최고의 와인으로 꼽히는 포도밭이자 와인의 이름이다. 콧대가 높기로 유명한 로마네꽁띠는 와인 전문가라고 해도 들어가기가 쉽지 않다고 한다. 프랑스에서 일하는 현지 코디네이터도 로마네꽁띠는 섭외할 수 없다고 했다. 하지만 당시 방송을 만드는 데 필사적이었던 나는 온 마음을 담아 로마네꽁띠에 메일을 직접 보냈고, 두 시간의 촬영 허가를 받았다. 한국 시각으로 저녁 8시, 로마네꽁띠에서 보낸 메일을 받았던 그 순간을 아직도 생생히 기억한다. 하지만 작가는 보통 촬영 현장에 가지 않는다. 작가가 취재와 섭외를 하면 연출진과 촬영팀이 현장을 방문해 촬영해 온다. 보통의 촬영엔 미련이 별로 없지만 어렵게 섭외한 로마네꽁띠에 직접 갈 수 없었을 때는 잠까지 설치며 억울해했다. PD님은 로마네꽁띠에서 아주 오래된 와인까지 한 모금 시음했다는데. 부럽다!

섭외한 와이너리에 직접 가지 못한 게 한이 된 탓에 프랑스에 가면 원 없이 와인을 먹기로 다짐했고, 파리에 와서 진짜로 끼니마다 와인을 마셨다. 좋은 점은 파리의 모든 음식점에서 와인을 취급한다는 것. 그리고 가격이 비싸지 않다는 게 금상첨화다. 잔 단위로도 판매하기 때문에 혼자 다니는 여행객에게도 안성맞춤이다.
식당에서는 보통 레드, 화이트, 로제 세 종류의 와인을 취급한다. 고급 식당에서는 좋은 샴페인도 서빙한다. 반병이

나 한 병 단위로도 판매하지만 나는 주로 혼자 식사를 했으므로 늘 와인 한 잔, 혹은 두 잔이면 아주 행복해지곤 했다. 한 잔의 가격은 한화로 6천 원에서 1만 원 정도. 레드 와인에서는 세 가지 정도를 준비해 두고 고르게 한다. 가격이 크게 비싸지 않지만, 산으로 파는 와인의 경우 제법 먹을 만한 와인을 준비해 두는 게 보통이다. 나는 한국에 잘 들어오지 않는 지방 와인을 주로 골랐다. 예컨대 막걸리로 치면 공주 알밤 막걸리 같은 것들이다.

혼자 식사를 해도 와인을 한 모금 마시면 마음이 풍요로워졌다. 즐거움이 외로움을 압도해 매 끼니가 행복해지고, 매일이 행복해졌다. 맛은 또 얼마나 좋은지 8천 원짜리 와인 한 잔이 한국에서 마신 10만 원짜리 와인보다 감미로웠다. 품질이 좋아선지 내 기분이 좋아서 인지는 알 수 없지만 파리에서 마신 와인이 100잔쯤 된다면 그 100잔 중에 맛없는 와인은 단 한 잔도 없었다. 주로 달지 않은 와인을 골랐지만, 그 안에서 단맛이 나면 나는 대로, 떫은맛은 떫은 맛 대로 모든 와인의 개성이 풍부했다.

와인은 고마운 인연을 다시 이어주기도 했다. 방송할 당시 파리에 있는 와인 전문가 김성중 씨에게 자문을 받아 촬영을 진행했는데, 내가 파리에 온 것을 알고는 와인 모임에 초대해 주었다. 요즘 트렌드를 이끄는 와인에 대한 설명을 듣고 시음하며 좋은 시간을 보냈다. 와인의 나라에서 와인 모임이라니, 꿈이 아닌가 여러 번 허벅지를 꼬집어보았다. 안주로는 생소한 프랑스 음식을 여러 개 곁들여 먹었다. 생선과 허브, 치즈를 적당량 덜어서 와인과 함께 먹는 것이다. 프랑스 사람들은 이런 안주로 저녁을 대신하는 때도 있다고 한다.

와인과 함께한 파리에서의 나날은 내게 축복과도 같았다. 프랑스인의 피에는 와인이 흐른다고 하는데, 한 달을 매일같이 와인을 먹었으니 내 피에도 와인이 조금은 흐르지 않을까.

#3

파리가 가르쳐준 것들

날아라

내
인생아

20년 전 이맘때, 바람이 기분 좋게 부는 운동장의 구령대 앞에 모인 아이들이 손가락으로 열심히 무언가를 돌린다. 잠시 후, 와- 워- 여기저기서 함성이 터져 나온다. 누군가는 기뻐하고 누군가는 아쉬워하지만 모두 즐겁기는 매한가지다. 바로 고무동력기 글라이더 날리기 대회다.
나무젓가락과 철사, 종이, 고무줄로 만드는 비행기. 라이트 형제는 진짜 비행기를 만들었지만, 천재가 아닌 보통의 아이들은 고무 동력 글라이더를 만들면서 아름다운 비행을 꿈꾼다. 대회에 나가길 몇 년이지만 나의 글라이더는 좀처럼 잘 날지 못했다. 몇 초 못 가서 훅하고 곤두박질치는 나의 비행기. 엄마와 저녁 내 붙들고 앉아 만든 노력이 수포가 되었다는 생각에 쪼그려 앉아 무릎에 얼굴을 파묻곤 했다.

어른이 된 후로도 가끔 그때를 회상한다. 내 인생이 꼭 고무 동력 글라이더 같아서. 진짜 비행기처럼 어마어마한 무게를 지고 강력하고 빠르게 날아 무사히 목적지에 도착하는 건 아니지만, 고무줄을 팽팽히 감아주면 제법 멋지게 날아오른다. 그리고 언제든 원하는 곳으로 다시 날릴 수 있다.

한 자리에 오래 머물지 못하고 자꾸 어딘가로 유랑하는 나 같은 사람을 보고 누군가는 '역마살'이 있다고 한다. '역마'가 가진 특유의 불길한 어감이 있지만 나는 나의 '역마'를 사랑한다. 요즘 같은 시대에는 제법 주목받는 기질 중의 하나가 아닐까. 그래서 나는 틈만 나면 다음 목적지를 마음에 그린다. 그게 여행이 될 수도 있고, 새로운 꿈일 수도 있겠지만, 어디가 됐든 무엇이 됐든 '날아가기'를 계획한다.

새로운 비행을 위해, 발이 붙은 곳에서 최선을 다해 일상을 산다. 고무줄을 감는 시간이다. 고무줄만 감으면 어디로

든 날아갈 수 있는 글라이더처럼, 계속해서 비행하는 삶을 살고 싶다. 그러다 동력이 떨어지면 다시 멈추어 고무줄을 감을 것이다. 그 시간은 인생의 정체기가 아니라 힘을 비축하는 시간이다.

어린 시절의 글라이더는 몇 초 못 버티고 떨어졌지만, 자꾸 연습하다 보면 더 오래 더 멀리 나는 비행기가 될 수 있겠지. 고로 오늘도 게을러진 손가락을 일으켜 고무줄을 팽팽하게 감는다. 날아라, 내 인생아!

"남자친구가 있는데 혼자 여행을 왔다고요? 어휴, 나 같으면 절대 못 보내. 아니 안 보내"
몇 해 전 제주도를 혼자 여행할 때 게스트하우스에서 만난 남자분에게 들은 말이다. 성격이 서글서글하니 괜찮은 사람이라고 생각했는데, 그 말을 듣고는 순간 욱해서 속마음을 뱉어낼 뻔했다. '제가 택배인가요? 보낼지 말지를 타인이 결정하게요?' 물론 나는 '사이다' 같은 사람이 아니기에 입 밖으로 그 말을 꺼내지는 못했다. 어색한 미소로 도배된 얼굴에서 그는 조금이나마 나의 마음을 눈치챘을까.

그 사람이 독특한 사고방식을 가졌다고 말하기는 어렵다. 지난 몇 년간 내가 혼자 여행을 할 때마다 많은 사람이 그

와 같은 참견을 했으니 말이다. 대학 시절엔 친한 남자 동기 녀석이 '내 여자 친구가 너처럼 혼자 여행을 간다면 다리를 부러뜨려 집에 앉혀 놓겠다'고 엄포를 놓았다. 여행지에서 만난 사람들은 물론, 가까운 동성 친구들조차 연인이 있는 내가 혼자 여행하는 것을 신기하게 여겼다. 이제 '애인'이 아니라 '남편'이 있는 몸이니 혼자 여행하는 나에게 향하는 근심 어린 시선은 더욱 늘어났을 터다.

여행은 유치원 여름 캠프가 아니다. 누군가 나를 여행에 보내고 말고의 문제가 아니라는 것이다. 내 삶의 주체는 나고, 그렇다면 여행의 주체도 나다. 연인이나 배우자가 나의 여행을 찬성하거나 반대할 수는 있겠지만, 결국 '갈지 말지' 결정하는 건 나에게 달렸다. '여행을 보낸다'는 말은 내 인생에서 고3 졸업여행을 마지막으로 퇴장했다. 게다가 고맙게도 나의 배우자는 '나 홀로 여행'을 적극적으로 지지해 주는 사람이다. 그래서 매년 나는 시간과 경제적 여건을 고려해 '나를 위한 여행'을 계획하고 즐긴다.

내가 꾸준히 혼자서 여행을 하는 이유는 단순하다. '나 홀로 여행'의 매력에 빠져버렸기 때문이다. 나에게 여행이란 나를 알아가고 세상을 알아가는 공부인데, 공부하기엔 적당한 고독이 필요하다.

혼자 여행을 하면 언제든 내가 원할 때 원하는 장소에서 세상을 '일시정지'시키고 황홀한 순간을 흠뻑 만끽할 수 있다. 나이아가라 폭포에서, 캘리포니아의 작은 해변 마을에서, 파리의 개선문 위에서, 여행지의 경이로움을 홀로 마주하는 장면을 상상해 보라. 벅차오르는 감정을 말로 내뱉지 않고 껌처럼 씹고 또 씹으면 마침내 내면의 깊은 곳을 살펴볼 수 있다.

친구와 함께 여행할 땐 '와 진짜 멋있다! 좋다! 너무 행복하다' 같은 단순한 감탄사로 감정을 표현하는 반면, 혼자 있을 때는 침묵하는 중에 내 안의 목소리에 귀를 기울이게 되는 것이다. '아, 좋다, 정말 좋다', '좋은데 왜 눈물이 나지?', '나에게 쉼이 필요했구나'. 홀로 여행하며 새로운 세상을 마주할 때 내 안에서는 그 어느 때보다 활발한 내면의 대화가 시작된다. 정신없는 일상에서 소홀히 했던 진짜 소중한 것을 발견하기도 한다. 그래서 혼자 하는 여행은 치유의 힘을 가지며 내적 성장의 기회가 된다.

나 홀로 여행의 전도사인 내가 드디어 낭만의 도시 파리에 왔다. 이 순간을 위해 그동안 혼자 여행하기를 연습해온 것처럼 파리에서의 생활은 감동으로 가득하다. 많은 여행지에서 홀로 시간을 보냈지만 파리만큼 혼자 밥 먹고, 혼자 술 마시고, 혼자 관광하기에 어울리는 도시를 보지 못했다. 말하자면 파리는 '홀로 존재하기'에 더할 나위 없이 적절한 곳이다.

대중없이 불어대는 파리의 바람에는 태생적인 외로움이 실려 있는 모양이다. 바람을 맞으면 기분 좋은 고독을 누리게 된다. 센 강 변에 앉아 책을 읽고, 노상 카페에서 와인을 한 잔 마시고, 근사한 레스토랑에서 코스요리를 시켜 먹는 사치를 '혼자' 즐기다 보면 세상을 다 가진듯한 벅찬 행복이 몰려온다.

아, 파리에 오길 정말 잘했다! 혼자라서 더 좋다!

ALAIN DE
BOTTON
ESSAYS
IN LOVE

찾았다,

김종욱

특별할 것 없는 어떤 저녁 날, 내가 잃어버린 자아를 찾으러 파리에 한 달간 가야겠다고 J에게 말했을 때 그는 이렇게 말했다.

"잘 생각했어. 너의 꿈을 응원해. 돈은 내가 열심히 벌고 있을 테니 너는 파리에서 꿈을 찾아와."

많은 사람이 신기해한다. 세상에 그런 남편이 어디에 있냐고, 한 명 더 찾아 달라고 한다. 이 상황에 대한 이해를 돕기 위해서는 나와 J의 오래고도 깊은 관계를 이야기해야 한다.

남편이라는 재미없는 명사보다는 진짜 이름으로 불러주고 싶은 소중한 사람. 그의 이름은 '김종욱'이다. 뮤지컬 '김종욱 찾기'의 김종욱이 실명이다. J(김종욱)와 나는 갓 스무 살이 된 2006년 2월, 대학교 신입생 수련회에서 만났다. 세상에 대해 쥐뿔도 아는 게 없는 나이였지만 단 하나는 느낄 수 있었다. J와 내가 인연이 되리라는 것, 결혼할 사람은 정말 알아볼 수 있냐고 싱글인 친구들이 가끔 묻는다. 짧은 내 경험에 비추어볼 땐 진짜 그렇다. 결혼의 'ㄱ'자에도 관심 없는 스무 살이라는 나이에 나는 J를 보면서 '저 사람과 결혼하면 좋겠다'고 생각했다.

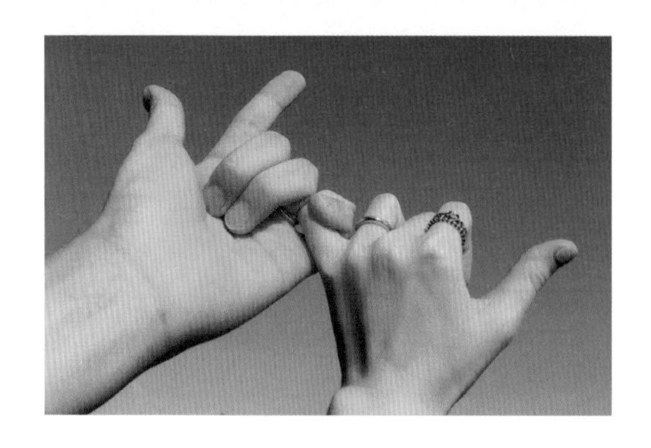

그렇게 시작된 우리의 사랑은 세상의 모든 연애가 그렇듯 오르막 내리막을 넘어 절정과 시궁창을 오갔지만 기특하게도 십 년이라는 세월을 견뎌냈고, 연애 십 주년이 되던 해 결혼을 했다. 지금은 서로 사랑하기 시작한 지 어언 십이 년 차가 되었지만, 우리의 사랑은 식을 줄 모른다. 호르몬체계에 오류가 있거나 사랑을 관장하는 영역이 고장난 게 아니냐는, 그래서 이렇게 오래도록 사랑하고도 여전히 좋아 죽는 게 아니냐는 닭살 돋는 대화를 나누는 잉꼬부부다.

장황한 연애 이야기를 늘어놓은 것은 바로 '나 홀로 여행'의 모든 역사가 나와 J의 관계 안에 새겨져 있음을 말하기 위해서다. 스무 살 때부터 지금까지 둘이 함께였으니 J는 성인이 된 후에 내가 한 모든 여행을 지켜본 셈이다. 나는 이십 대 초반에 가족과 함께 또는 친구와 함께, 짧게는 며칠에서 길게는 2주까지 해외여행을 했다. 그 정도야 누구나 다 가는 여행에 해당하니까 J도 별 말 없이 잘 다녀오라고 배웅을 했다. 문제는 내가 대학을 졸업하고 처음 사회인이 된 후, 혼자서 미국으로 배낭여행을 다녀오겠다고 선언한 데서 발생했다.

대학 동기인 우리는 1, 2학년을 함께 학교에 다녔지만, 졸업은 내가 2년이 빨랐다. J가 군 복무를 할 동안 나는 휴학을 하지 않고 3, 4학년을 마쳤기 때문이다. 그러다 보니 J는 3학년 복학생, 나는 사회에 첫발을 내디딘 상태가 되었다. 당시 나의 직업은 고등학교 영어 교사였는데 기간제 계약직이었던 탓에 겨울방학과 동시에 근무 계약이 만료되는 상태였다. 다가오는 겨울방학은 여행하기 딱 좋은 기회였다.
혼자서 두 달간 미국을 기차로 횡단하기로 마음먹었고, 데이트 도중 별생각 없이 J에게 말을 꺼냈다. 어수룩한 복학생이었던 J는 스파게티를 먹다 말고 어딘가 불편해 보이는 표정으로 여행을 왜 혼자 간다는 거냐고 물었다. 자신에게

함께 가자고 말이라도 꺼내야 하는 게 아니냐고 했다. 어찌 보면 당연한 반응일 텐데, 어리고 미숙했던 나는 농담이랍시고 J에게 모진 말을 날렸다.
"너는 시간도 없고 돈도 없잖아."

J에겐 그 말이 비수가 되어 날아왔다고 했다. 장난으로 넘기기엔 당시의 J는 정말로 '시간도 없고 돈도 없는' 가난한 취준생이었다.

그 사건을 계기로 우리는 연애 이후 최대 위기를 맞았다. 관계가 불안정한 상태에서 나는 여행을 떠났고 여행 중 우리는 전화 통화로 연일 싸움을 하다가 마침내 헤어지기로 합의했다. 두 달 동안 나는 동쪽에서 서쪽으로 미국을 가로지르며 많은 것을 보고 배우고 생각했지만, 이별의 아픔은 피해갈 수 없었다. 매일 밤 9인실 도미토리의 덜컥거리는 이층침대에 누워 남몰래 눈물을 쏟아 냈다.

여행이 끝나갈 무렵, 이별에 대한 결론도 분명해졌다. 이렇게 허무하게 보낼 수 없다는 것. 한국에 돌아오자마자 J에게 연락을 했고 우리는 얼굴을 마주하고는 누가 먼저랄 것도 없이 웃음을 터뜨렸다. 푸하하. 여행을 '혼자 가냐, 함께 가냐' 싸움을 하는 것이 우리에게 얼마나 부질없는 짓인지 깨달았다. 그런 사소한 싸움을 이별의 소재로 삼기엔 우린 서로 너무 사랑했다.

그 후로 우리는 각자가 하고 싶어 하는 일과 사랑을 대척점에 두지 않는다. 여행과 연인 중의 하나를 선택하지 않아도 된다. 혼자 여행을 떠나도 사랑은 변함이 없으며, 떨어져 지내는 시간 동안 더욱 성숙해져서 돌아올 것을 잘 알기 때문이다.

햇살의 힘

외투를 입은 나그네를 두고 해와 바람이 내기를 했다는 오래된 동화가 있다. 강풍으로 나그네의 옷을 벗길 수 있다고 자신하던 바람은 실패했지만, 따스한 햇볕에 나그네는 자신이 옷을 벗었다.
나는 거센 바람 앞에서 단단히 옷을 여미고 굳세게 걷는 사람이었다. 남을 보듬어주기보단 나 자신을 방어하는 게 익숙했다. 그러던 내가 사랑에 빠진 사람은 아침 8시의 햇살처럼 맑고 따뜻한 사람이었다. 그는 내가 무슨 말을 해도 '허허', 무슨 행동을 해도 '허허', 세상을 달관한 부처처럼 나를 한없이 사랑해 주었다. 사람들은 그를 '성인군자'라고 불렀고, 나는 그를 '아낌없이 주는 나무'라 생각했다. 몇 년간 지속된 무한한 사랑은 신기한 변화를 일으켰다.

햇살 같은 J의 따뜻한 사랑 앞에 나는 알아서 외투를 벗어 던진 것이다. 내 안에 군데군데 자리 잡은 얼음덩어리들이 해동 모드에 들어갔고, 함께 한 11년의 세월동안 나는 참 선해졌다. 그를 볼 때면 나는 항상 '더 좋은 사람'이 되기를 다짐한다.

파리의 햇살도 또 다른 힘을 가졌다. 더 멋진 사람이 되어야지, 다짐하게 만드는 힘이다. 봄볕이 내리쬐는 파리의 거리를 걷다 보면 가슴엔 열정과 포부가 차오른다. 길거리에 버려진 쓰레기에서도 메시지를 읽어낼 만큼 감수성이 풍부해진다. 시멘트벽을 뚫고 자라난 잡초에서 희망을 보기도 하고, 뜯긴 벽보에서 위태로움을 발견하기도 한다. 내 안에서 솟아나는 목소리에 귀를 기울이게 되고, 당당하게 어깨를 펴고 걷게 된다. 거리의 꽃과 나무, 하물며 사람들까지 이렇게 제 색을 찾아 빛을 내는 걸 보면 파리의 햇살에 만물을 멋지게 만드는 힘이 있음이 분명하다.

따뜻한 눈으로

바라보기

어린 시절 아파트 화단에서 큰 귀를 가진 생쥐를 만난 적이 있다. 월트디즈니가 미키마우스를 그릴 때 봤던 쥐가 이렇게 생겼을까. 그 자리에 주저앉아 귀가 유난히 큰 그 녀석을 천천히 살펴보았다. 나를 이상하게 여긴 쥐가 어안이 벙벙한지 잠시 주춤하다가 먼저 자리를 떴다. 아마도 쥐를 그렇게 다정하게 바라본 것은 그때가 마지막이었지 싶다.

파리에 머물던 어느 날 아침, 스튜디오 키친에 아침을 먹으러 들어갔다가 한 마리의 라따뚜이와 눈이 마주치고 말았다. 조그맣고 마른 체구를 가진 쥐는 몇 년 전 디즈니사에서 개봉한 애니메이션 '라따뚜이'의 쥐와 정말 비슷하게 생긴 놈이었다. 내가 주방 불을 켜자 그 친구는 하던 일을 멈추고 흠칫 놀라선 나를 까만 눈으로 약 1초간 뚫어지게 응시했다.

'꺄악'

나와 라따뚜이는 둘 다 까무러치게 놀라 반대 방향으로 냅다 튀었다.

애니메이션 '라따뚜이'의 배경이 괜히 파리가 아니었다고 중얼거리며 스튜디오 호스트에게 다급하게 문자를 보냈다.
"주방에서 쥐가 나왔어요. 놀라 기절할 뻔했습니다. 실내에 쥐가 살면 안 되는 거 아닌가요? 확인해 주시기 바랍니다. 다시는 쥐를 볼 일이 없기를 바랄게요."

솔직히 말하자면 불쾌했다. 깨끗한 숙소라고 생각했는데 집 안에서 쥐를 만날 줄이야. 앞으로 주방은 어떻게 드나들까. 침대에 누워 놀란 가슴을 진정시키는데 괜히 팔다리가 간지러운 것이, 그동안 침실에서도 쥐와 동거한 건 아닐까? 영 찜찜했다.

그 날 저녁, 호스트 할아버지인 버프 씨가 거실에서 나를 불렀다. 많이 놀랐냐며, 문자를 받고 주방을 확인했는데 쥐를 찾지 못했다고. 앞으론 관리를 더욱 철저히 할 테니 너무 걱정하지 말라며 나를 다독였다. 그러더니 그는 흥미로운 질문을 했다.

"그런데 그 쥐가 작았니?"
"네, 아주 작았어요."
"아기처럼 말이지?"
"음 아마 새끼 쥐 일 것 같아요. 요만했으니까"
나는 손가락으로 약 5센티를 가리키며 그 '라따뚜이'를 묘사했다. 그러자 할아버지가 갑자기 인자한 표정을 지으며 이렇게 말하는 것이 아닌가.

"오, 가여운 새끼 쥐. 아직 배우질 못해서 그랬구나. 사람 집에 들어오면 안 된다는 걸 말이야. 어른 쥐들은 여간해선 집에 들어오질 않거든."

그 이야기를 듣는 데 내 얼굴에 할아버지의 온화한 미소가 옮겨왔다. '아기라서 아직 배우지 못한' 거라니. 주방에 나타난 생쥐에게 이렇게 따뜻한 시선을 가질 수가 있구나. 작은 쥐 한 마리에 씩씩대며 문자를 보내던 나 자신이 참 모자란다고 느껴졌다. 그러고 보니 귀 큰 생쥐를 만나 귀

엽다며 한참을 바라보던 어린 시절의 내가 있었는데. 나는 언제부터 이렇게 팍팍한 사람이 됐을까.

다행히(?) 한국에 돌아가는 날까지 '라따뚜이'는 다시 나타나지 않았다. 아마도 이제 사람 집에 들어가면 좋을 게 없다는 걸 배운 모양이겠지. 세상만사를 따뜻한 시각으로 바라보면 생쥐도 사랑스러운 존재가 될 수 있다는 걸 내가 배우는 동안.

라따뚜이나 나나, 아직 어리고 배울 게 많지만, 하루하루 성숙해지고 있다.

나뭇가지에 새순이 빼꼼 고개를 내밀었다.

아, 싱그러워.

봄에 수줍은 얼굴로 세상을 마주하는 수백 개의 새순을 마주할 때면 나는 늘 가슴이 설렌다. 콩알만 한 순 안에 몇 겹이나 되는 아름다운 꽃잎이 피어날 때를 기다리고 있겠지. 마치 넓게 펼쳐질 때를 기다리며 마음 깊은 곳에 웅크리고 있는 꿈 덩어리 같다.

파리의 이름 모를 나무에 맺힌 새순이 해와 달과 비바람의 보살핌을 받아 만개할 때, 나의 꿈도 그러할 수 있기를.

그나저나

참

소박하다

몇 년 전만해도 페이스북에 종종 셀카를 올렸다. 프로필 사진도 심심치 않게 업데이트했다. 예쁜 척 삼매경에 빠진 4분할 사진 같은 것으로 말이다. 당시 함께 대학원에 다니던 서른 살 언니가 말했다.

"넌 참 셀카를 잘 올리더라. 난 부끄러워서 못 찍겠어."

참 부끄러울 것도 많다. 얼굴이 얼굴이지 뭐 대단한 건가, 라고 생각했던 이십 대의 내가 있었다.
지금은 부끄럽고 민망해서 셀카를 못 찍는 삼십 대 소심이가 되었다. 어느 순간, 예쁜 척 자체가 부끄러워지기 시작했다. 회사 사람들이 보기라도 하면? 어휴, 상상만 해도 얼굴이 빨개진다. 몇 년 전 언니의 말이 메아리가 되어 귓가에 맴돈다. '넌 참 셀카를 잘 올리더라. 잘 올리더라. 잘 올리더라.' 부끄러움은 나이테처럼 한 겹 한 겹 나를 에워싸는 걸까?

인스타에 시누이 H가 사진 한 장을 올렸다. 새벽에 어느

술집, 찢어진 청바지만 프레임 안에 존재하는 감성 사진.
특별할 것도 없는 사진인데 내 마음이 일렁인다.
"H는 좋겠다. 자유로워 보여."

사진의 어느 부분이 나의 부러움을 자극했을까. 찢어진 청바지? 나도 입고 다닌다. 새벽의 어느 술집? 나도 마시고 싶으면 마실 수 있다. 감성 낭만 문구? 나도 가끔 쓰잖아.
내가 부러운 것은 그녀의 자유였다.
감투가 늘어날수록 자유는 줄어든다. 한 살 한 살 먹어가며 저절로 얻게 되는 나잇값 감투, 직장에서 얻어지는 승진 감투, 결혼하면 생기는 유부 감투. 페이스북에 4분할 프로필 사진을 당당하게 업로드하던 나는 몇 년 사이에 감투를 많이도 쓰게 됐다. 머리에 올린 게 많아져서 그런가 자유는 줄고 체면만 늘었다. 그러니 이제 셀카도 마음대로 못 찍는 것 아닌가.

파리에 와서 미친 척 셀카를 찍는다. 잠잘 때 쓰는 안대까지 머리에 소품으로 올려두고는 귀여운 척하면서 찰칵찰칵. 왜 갑자기 부끄러움이 없어진 걸까?
여행이 선사하는 프리패스 때문이리라. 여행지에서는 내게 주어진 타이틀이 아무 의미가 없다. 하물며 나의 한국 이름조차 무의미하다. 내가 불리고 싶은 대로 '내 이름은 릴리'라고 말하면, 그게 여기 사람들이 필요한 정보의 전부다. 좀 더 이야기하다 친구가 된다면, 릴리의 성격은 어떤지, 릴리는 지금 무엇을 하고 싶어 하는지를 알고 싶어 한다. 릴리가 몇 살인지, 직장이 정규직인지, 결혼은 했는지, 같은 정보는 그들에게 전혀 중요하지 않다. 심지어 아무도 그런 것을 묻지 않는다.

파리에서 나는 온전히 나 자신이 될 수 있었다. '결혼한 여자가 그래서 되겠어?', '후배가 보면 부끄러운데', '우리 서른도 넘었거든. 자제해야지.' 같은 체면의 말은 전부 던져버리고 내키는 대로 할 수 있다.

그나저나 욕구도 참 소박하다. 예쁜 척하며 셀카 한 장!

PARIS

운치 있게 어스름이 내린 저녁, 살갗에 닿는 촉촉한 공기에 마음이 일렁여 얇은 카디건을 걸치고 스튜디오를 나섰다. 시끌벅적하게 떠들기보다는 기분 좋은 적적함을 만끽하고 싶은 날, 한 잔의 술이 근사한 위로가 된다. 골목에 있는 주류 전문점에 들어갔다. 와인은 식사할 때마다 한 잔씩 곁들이니까 이번엔 샴페인을 마셔보기로.
"저를 위한 샴페인을 한 병 사고 싶어요. 오늘 밤에 마실 거로."

주인아저씨가 샴페인 세 병을 보여준다. 몇 마디 설명을 덧붙였지만, 불어를 알아듣지 못하니 내 감을 믿을 수밖에 없다. 셋 중에 가장 비싼 것 빼고, 가장 싼 것 빼고, 중간에 있는 병을 골랐다. 은박으로 쌓여 있는 샴페인 병을 손에 쥐고 설레는 마음으로 성큼 걸어 집에 돌아왔다.

준비해 놓은 작은 잔에 샴페인을 따른다. 방울방울 큰 거품이 푸르르 바닥으로 떨어지더니 이내 흩어진다. 아주 잘

게 쪼개진 거품은 연두색을 살짝 머금은 액체 속에서 마지막 숨을 뱉어내고는 꼬르륵 잠긴다.

한 모금을 들이켰다. 톡톡 쏘면서 자글자글 입술을 간지럽히는 것이 흡사 사랑의 맛 같았다. 꼴깍하고 삼키면 입안에 남는 달큼한 끈적임까지. 문득 J가 보고 싶어져서 몇 모금을 연달아 마셨다.

사랑해, 한 모금. 보고 싶어, 한 모금. 얼른 만나자, 한 모금.

한국에 돌아가면 J와 함께 샴페인을 한 병 터뜨려야겠다. 샴페인 마개가 터지듯 강렬하게 사랑하고, 뽀글뽀글한 거품을 음미하고, 달콤함을 만끽해야지. 그리고 우리에게 허락된 사랑에 감사하며 우리 앞에 주어진 하루를 축하해야겠다.

열어둔 창문으로 선선한 밤바람이 들어온다. 싱그럽게 향기를 뿜어내는 사랑 한 잔에 담뿍 취한다.

지난 일 년 반, EBS '세상에 나쁜 개는 없다'라는 프로그램을 만들었다. 반려견 행동 교정을 위한 프로그램으로 매회 각종 문제를 가진 반려견이 등장하고, 반려견 행동 전문가 강형욱 씨가 문제의 원인을 파악해 해결하는 것을 골자로 한다.

그런데 강형욱 훈련사가 반려견들에게 늘 하는 말이 있다.
"괜찮아."
"외부인이 우리 집에 들어와도 괜찮아. 보호자는 안전하고 너도 안전하단다. 그러니까 짖지 않아도 돼. 괜찮아."
"보호자가 외출해도 괜찮아. 5분 뒤에 돌아올 거고 너는 버려진 게 아니니까 괜찮아."

공격적이거나 소심하거나 모든 반려견에게 똑같다. 그는 그저 손바닥을 반려견에게 보여주며 말한다. "괜찮아." 그

러면 마법같이 반려견들이 그의 진심을 알아듣는다.

'개통령'이라고 불리며 인기가 좋은 강형욱 훈련사는 반려견 훈련 방식의 패러다임을 바꾼 사람이다. 개는 지배해야 할 대상이 아니라 함께 해야 할 친구니까 그들의 속마음에 귀를 기울이면 문제는 자연스레 교정된다는 것이다. 우리 방송은 반려견과 보호자를 위한 프로그램이었지만 그의 훈련을 가만히 지켜보면 개뿐만 아니라 사람도 감동을 받게 된다. 그 중에서 내가 가장 좋아했던 말이 바로 '괜찮아'다.

완벽주의가 앞서 자신을 놓아주지 못하는 나는 유난히 일에 몰두하는 경향이 강하다. 좋게 말하면 '몰입'이고 나쁘게 말하면 '집착'이다. 오늘 처리 해야 했던 일을 빠뜨리지는 않았는지, 조금 전에 나간 방송이 시청률은 잘 나올는지, 아이템 선택은 잘한 게 맞는지, 별별 생각에 자다가도 벌떡벌떡 눈을 뜨곤 했다. 내가 걱정한다고 달라질 일은 없을 텐데 그걸 잘 알면서도 마음에서 쉬 털어버리질 못하니 그게 바로 워커홀릭이다.

그래서 내겐 여행이 중요하다. 버리고 떠나와야 비로소 잊을 수 있다. 파리에서는 매일 '괜찮음'을 연습한다. 자다가

일 걱정에 벌떡 일어나지 않기. 성과에 목매지 않기. 나 없어도 일은 잘 굴러간다는 것을 인지하기. 하루하루 마음에 점점 여유가 생겨난다. 마음에도 근육이 있어 훈련하면 제법 단단해지는 까닭이다. 이렇게 밭을 잘 갈아놓으면 일상에 돌아가서도 한동안 버틸 수 있다.

남는 게 시간인 파리에서 나는 매일 자신에게 말한다.
'괜찮아.'
'조급하지 않아도 괜찮아.'
'성공하지 않아도 괜찮아.'
'나는 나 자체로 괜찮아'

내 목소리가 닿는 한 모두에게 나직한 목소리로 손바닥을 보여주며 말해주고 싶다.
'괜찮아. 너도 괜찮아'

사랑에
빠지지
않고

못 배길
테니까

파리에서 혼자 한 달 살기를 하고 있어도 외롭다는 생각은 별로 하지 않았다. 내게 주어진 30일의 자유를 씩씩하게 만끽하는 중이다. 하지만 남편 J가 사무치게 그리운 순간이 있다. 바로 센 강 다리 아래에서 강물을 바라볼 때다.

나는 바다보다 강을 더 좋아해서 머릿속이 복잡한 날엔 강을 찾는다. 학창시절부터 쉽게 털어낼 수 없는 고민이 있는 날엔 한강 둔치에 갔다. 회색 시멘트 블록에 걸터앉아 강물이 일렁이는 걸 보노라면 나의 작은 슬픔이 넓은 강물에 희석되어 아무것도 아닌 게 되는 걸 느꼈다.

그런 내게 센 강은 파리 여행에서 주어진 최고의 선물이다. 한강도 좋지만 센 강은 한강과 다른 매력을 가지고 있다. 기품이 있다고 할까? 멋있게 늙은 예술가 같기도 하고. 길게 펼쳐진 센 강 위에 주렁주렁 놓여있는 다리는 센 강

의 매력을 한 층 더하는 고급 액세서리 같다. 집안의 보물로 내려오는 빈티지한 팔찌와 목걸이 같은 느낌이다.
다리 아래 벤치에 앉아 센 강을 바라보면 내 삶과 이 세상이 온통 낭만으로 가득 찬 것만 같다. 가슴에서 샘솟는 낭만은 나 자신을 충분히 사랑하게 하고, 그 사랑이 차고 넘치고 흘러서 옆에 있는 사람까지 사랑하게 된다.
짝사랑하는 사람이 있다면 센 강 다리 아래에서 강물을 바라보며 함께 걷기를. 숨만 쉬어도 가슴 가득 울렁이는 감성이 들어와 사랑에 빠지지 않고 못 배길 테니까.

맛있는 젤라토에 대한 예의

길다가 만나면 꼭 들르는 가게가 있다. 예쁜 색깔의 열매는 죄다 모아놓은 듯 총천연색을 뽐내는 젤라토를 파는 가게. 배가 부른데도 꼭 큰 컵으로 여러 가지 맛을 시켜야 성이 찬다.

빨강, 노랑, 누렁, 주황, 점박이, 연두. 레몬 맛을 한 입 떠서 입안에 넣으니 불가항력으로 눈 한쪽이 찡긋, 아우 셔-. 이번엔 초콜릿 청크가 뭉텅뭉텅 들어간 화이트 초콜릿을 한 입, 오독 오독 씹히는 초콜릿의 달콤한 맛에 행복함이 몰려온다. 다음은 누런 솔티드캐러멜 한 숟갈, 앗! 아이스크

림이 짜다. '솔티드solted'는 솔직한 작명이었구나. 짜고 달아서 목구멍이 따끔따끔하다. 이건 내 스타일은 아닌 거로.

젤라토는 질감도 쫀득쫀득한 것이, 참 맛있으면서 재밌다. 차갑고 쫀득할 때 한 입 한 입 음미하면서 즐겨야지. 그게 맛있는 젤라토에 대한 예의니까.

작은 젤라토 컵 안에 내 인생이 담겨있다. 한 입 한 입 최대한 맛있게 음미하고 싶은데, 나의 청춘, 나의 삼십 대, 아직 차갑고 쫀득쫀득한 것 맞겠지?

공원을 걷다가 벤치에서 진하게 키스하는 연인을 보았다. 갓 스무 살이 넘어 보이는 젊은 커플, 벤치에 앉아 있는 남자 위에 여자가 반대 방향으로 포개 앉아서 세상의 종말이 올 것처럼 격정적인 키스를 나눈다.
'참 예쁘다. 나도 저런 키스, 꽤 많이 했었는데'

나와 J는 세상 누구도 부럽지 않게 사랑을 해 왔고, 지금도 그렇다. 자우림의 노래 17171771의 가사처럼, 이름 모를 저 먼 별에서부터 사랑해 왔는지도 모를 만큼 서로를 운명적인 짝이라고 여긴다. 하지만 연애 10년, 결혼 2년 차에 접어든 지금, 벤치에서 세상이 떠나갈 것처럼 키스하지는 않는다.

키스를 자주 하긴 하는데 주로 밤에, 하루의 피로와 세상의 때를 깨끗이 씻고 양치질도 한 후에, '편한 마음'으로 한다. 그렇지만 아주 피곤한 날엔 패스.

하루는 컴컴한 밤에 길을 걷다 '예전처럼 이런 데서 키스할까?'라고 내가 물었더니, J가 이렇게 대답했다. '집 놔두고 뭐하러?' 참으로 낭만 깨지고 현실 소환하는 소리였지만 나도 일면 동의한다.
한 때는 '사랑이 어떻게 변하니' 따위의 생각을 하며 우리의 '일상적인 사랑'에 슬퍼한 적도 있지만, 어느 순간 사랑이란 것은 유기체처럼 성장한다는 사실을 깨닫게 됐다.
그래 우리에겐 아늑한 집과 함께 보낼 무수히 많은 밤, 그리고 또 성실히 살아야 할 내일이 있으니까.

프로이트의 심리성적발달이론에 따르면, 사람은 태어나서 0~1세까지 구강기, 1~3세 항문기, 3~6세 남근기, 6~12세 잠복기를 지나 사춘기를 맞이하고 성인이 된다. 그런데 여기서 잠깐. 신기하게도 사랑은 아기와 비슷하다. 처음 서로를 만났을 때 두근거리고 불타오르는 감정을 느끼다가 스킨십을 하며 탐색하는 과정을 거친다. 시간이 지나 신뢰가

쌓이면 서로를 편안하게 느끼면서 동시에 무덤덤해지는 시기를 맞이한다. 아기의 심리성적발달과 순서까지 놀랍도록 비슷하지 않은가? 세월이 흘러 아이가 자라면 나이에 맞는 발달을 하는 게 정상이다. 만약 열 살 먹은 아이가 아직도 구강기에 머물러 있다면, 성인이 남근기에 머물러 있다면, 그거야말로 문제이다. 사랑도 '식은' 게 아니라 발달하는 것이며 성숙해 가는 게 아닐까.

결혼하고 나서 J는 '예전보다도 나를 훨씬 더 사랑하게 됐다'는 말을 자주 한다. 가로등 아래서 격정적인 키스를 하지 않는데도 불구하고. 그 말이 진실임을 안다. 우리는 스무 살 때보다, 스물다섯 살 때보다 서로를 더욱 사랑하고 있다. 우리의 사랑은 성숙해졌다.

'둘'이 11년을 열심히 키웠으니 우리 사랑은 22살 정도가 아닐까. 파리에 오기 전 주고받은 편지에서 우리는 한 달 후에 '업그레이드된 버전'이 되어 만나자고 약속했다. 스물두 살짜리 사랑은 한 달을 떨어져 있어도 토라지거나 작아지지 않으며, 오히려 견고해진다. 서로의 발전을 위해 힘을 북돋아 주며 때론 희생도 마다하지 않는다.

'밥'에 대한 갈망

하루 세끼에 간식까지 꼬박 챙겨 먹는데도 불구하고, 여행 중에는 가끔 기력이 달리는 날이 있다. 점심, 저녁으로 스테이크와 감자를 푸짐하게 챙겨 먹었는데도 이상하게 손이 덜덜덜- 떨린다면 배가 그냥 고픈 게 아니라 '밥'이 고픈 것이다.

정작 한국에서는 끼니를 파스타와 샌드위치, 햄버거, 피자로 이어가는데 여행지에선 왜 '밥'이 고파오는 걸까. 어쩌면 마음의 허기일 수도 있겠다. 파리에서의 하루하루가 이토록 즐거우니 향수병 같은 건 끼어들 여지가 없다고 속 편하게 말하지만, 마음은 솔직하므로 헛헛함을 숨기지 못

하는지도 모른다. 에너지라면 고기나 파스타에서도 충분히 얻을 수 있을 텐데 하얀 쌀밥을 먹고 '밥심'을 얻어야만 기력을 회복할 수 있으니 말이다.

한국 음식점을 찾아 알알이 끈기 있는 '쌀밥'을 씹을 때 비로소 기운을 되찾는다. 외국에 나와 있을 때 마음이라는 녀석은 한국에 두고 온 가족과 친구, 사랑하는 것들과의 연대를 다시금 확인하고 싶어 하는 게 아닐까. 오글거리지만 '밥심'에 대한 갈망은 나와 주변을 잊지 않으려는 무의식의 욕망과 닿아있을지도 모른다.

꿈과 그럴듯한 현실 사이

내 책상 위에는 분홍색 동물 인형 하나가 놓여있다. 이름은 '빙봉'. 디즈니픽사의 애니메이션 '인사이드아웃'에 등장하는 상상의 동물이다. 인간의 감정에 인격을 부여해 드라마로 만들어 낸 '인사이드아웃'을 보고 나는 작지 않은 충격을 받았다. 감정이라는 추상을 구체화한 이야기는 내 상상력의 경계를 완전히 넘어서 있었다. 감동과 자극이 얼마나 컸던지 극장에서 세 번, 집에서 두 번을 더 봤다. 나는 언제쯤 저런 스토리를 쓸 수 있을까. 동기부여를 위해 훌륭한 조연 캐릭터 중 하나였던 빙봉 인형을 사서 주로 업무를 보는 책상의 한쪽에 빙봉을 올려두었다.

젊음을 불태우기 좋은 어느 금요일 밤, 나는 여느 때처럼 책상에 앉아 일하고 있었다. 방송 일은 빨간 날이 따로 없으므로 온전히 쉬는 주말 같은 것엔 미련을 버린 지 오래다. 그 날도 내 청춘보다 뜨거운 노트북을 붙잡고 업무와 씨름하고 있었다. 뻐근한 목을 좌우로 세 번 정도 돌리던 찰나, 구석에 앉아 있는 빙봉 인형이 보였다.

"넌 꿈이 뭐니?"
마치 빙봉이 그렇게 묻는 것처럼 보였다.

"그러게, 나도 한땐 꿈이 있었는데? 지금 이대로 사는 게 꿈은 아닌데."

열심히 사는 것과 꿈을 위해 달리는 건 같지 않다. 뛰는 속도가 빨라도 방향이 다르면 목적지는 전혀 다른 곳이 될 테니까. 아무리 불금과 주말을 반납하고 일을 하더라도, 꿈을 잊고 산다면 행복은 저 멀리 달아나 버리기 십상이다.

나도 모르는 새 꿈에서 점점 멀어지고 있음을 깨달았던 그 즈음, 파리에서 한 달 살아보기를 결심하게 됐다. 단순한 휴식을 위해서 파리로 떠난 게 아니었다. 속도와 성과만 보고 달렸던 지난 몇 년간의 생활에 쉼표를 찍음으로써 방향을 재점검하고 싶었다. 한 발치 떨어져 나 자신을 되돌아보면 마음속 깊이 묻혀 있는 꿈을 다시 꺼낼 수 있지 않을까.

서른을 넘기면서 알게 된 것이 있다. 월드컵 4강 신화를 기록하던 2002년 이후, 많은 사람의 책상에 '꿈은 이루어진다' 라는 아름다운 문구가 붙었지만 그건 반쪽짜리 주문이

라는 사실이다. 꿈은 '포기하지 않아야' 이루어진다.

이십 대 초반부터 구체적인 목표를 정하고 그것을 이루기 위해 매진한 친구들이 있다. 서른이 넘은 지금, 친구들의 꿈은 현실이 되었다. 예컨대 사법고시에 몇 번을 떨어져서 로스쿨 진학을 준비했던 친구는 변호사가 되어 있고, 기자 지망생이던 친구는 작은 지방방송국을 거쳐 원하던 방송국에 입사했다. 임용고시에 몇 번이나 떨어졌던 친구는 사립 교사 채용에 붙어서 교단에 서 있다. 꽃이 좋다고 뜬금없이 꽃을 배우러 다니던 친구는 상암동에 자신을 닮은 예쁜 꽃집을 차렸다.

나는 매사에 최선을 다하고 치열하게 사는 타입이지만, 결정적 순간에 '꿈'과 눈앞에 보이는 제법 괜찮은 '현실' 사이에서 항상 그럴싸한 '현실'을 택하는 사람이다. 대학도, 직업도, 전공도, 심지어 취미까지도 예외가 아니었다. 그래서 남들이 볼 땐 괜찮은 인생을 사는 것처럼 보일지도 모르나, 마음 한구석엔 늘 못 이룬 꿈에 대한 아쉬움이 있다.
나는 '글'이 세상을 선한 방향으로 견인할 힘을 가지고 있다고 믿는다. 그래서 풍부한 감성과 날 선 예민함으로 세상에 보탬이 되는 글을 쓰는 작가가 되고 싶었다. 단어가 거창해서 꺼내기 부끄럽지만, 인간의 존엄성을 매 순간 자

각하며 살고 싶었고, 아름다운 영혼이 되고 싶었고, 자본에 종속되는 일은 되도록 피하고 싶었다. 하지만 현실의 벽 앞에서, 내 꿈은 한 소절의 우스갯소리가 되어 산산이 부서지고 만다. 내 '연차'에 할 수 있는 적당한 프로그램에서, 시청자들이 좋아할 만한 아이템을 잡고, 시청률 1%에 울고 웃으며, 누군가의 삶을 가공해 이야기를 만든 대가로 원고료를 받아, 맛있는 음식과 커피를 사 먹는 것으로 보상 받고 위로를 받는 생활. 그것이 나의 현재가 되었다.

꿈에서 멀어지고 있다는 걸 알았지만, 일을 하다 보면 보람을 느끼는 순간이 종종 있고 적성에 그럭저럭 맞아서 순응하며 열심히 살다 보니 세월은 생각한 것 이상으로 빠르게 지나갔다. 그럴싸한 '현실'에서 더 잘해 낼 것인지, 아니면 지금이라도 꿈을 이루기 위해 노력할 것인지 갈등한 지가 벌써 몇 해다.

파리에서 혼자 시간을 보내며 앞으로 어떻게 살지 진지하게 고민을 했다. 어차피 인생길을 걸어가야 한다면 방향은 내가 원하는 대로 맞추는 게 좋지 않겠나. 내가 원하는 미래를 위해서 조금 더 과감해져도 되지 않을까. 어차피 삶은 늘 어딘가로 향하는 과정 중에 있다. 조금 느리더라도 내가 걷고 싶은 길을 걷자.

파리
에서도

가끔

서점에
갔다

책 냄새가 그리울 때가 있다.

마음을 편안하게 만드는 탁한 공기는 서점에 가야 만날 수 있다. 그래서 마음이 허한 날엔 서점에 가고 싶다. 코끝을 간질이는 먼지를 후- 날리며 오래된 책장을 넘기는 것은 내가 제일 좋아하는 일 중에 하나다.

파리에서도 가끔 서점에 갔다. 파리엔 프랜차이즈 서점과 중고책방이 제법 많아 거리를 걷다 보면 어렵지 않게 서점을 만날 수 있다. 큰 가게도 있고 다락방만큼 작은 가게도 있는데 각자의 매력이 있다. 큰 서점은 아무도 모르게

한참 동안 이 책 저 책 구경하며 놀기에 안성맞춤이고, 작은 서점은 시끄러운 일상에서 탈출해 고즈넉한 유토피아에 잠시 도피한 듯한 느낌을 준다. 다른 사람의 손때가 묻은 중고 책방에서는 손가락 끝으로 드르륵- 서가를 훑다가 마음에 드는 책을 하나 골라 그 책에 담겨 있는 전 주인의 사연을 상상하는 재미가 있다.

불어를 전혀 모르는 까닭에, 파리에서 만나는 책은 텍스트가 아니라 그 자체로 예술품이 된다. 요리 보고 조리 보며 나름대로 의미를 부여하다가 행복에 잠긴다.

디즈니
랜드

하루만 열 살로 돌아가 보기로 했다.

미키마우스 머리띠를 쓰고 방방 뛰어다니며 길거리에서 춤까지 췄던 날, 나는 놀이터에서 흙을 파면서 깔깔대던 열 살의 내가 되었다.

시간을 거스르는 것은 생각보다 쉽다.
동심을 받아들일 마음의 준비만 한다면
믿을 수 없는 마법이 눈 앞에 펼쳐진다.

이십년의 세월을 배낭에 넣어두고 근심 걱정 없이 놀다 집에 돌아가는 길, 새카만 밤하늘에도 가슴이 일렁인다.

20년 말 정산

한 해가 시작되는 1월, 직장인들은 연말정산을 한다. 소득과 지출을 비교해 세액이 산출된다. 올해는 세금을 얼마나 더 낼까, 환급받을까?

30대에 접어든 지금, 내 20대를 연말정산 한다면 어떻게 될까? 이십 대를 마무리하고 삼십 대를 시작하는 시점에 인생의 중간 정산을 한번 해 보기로 했다.

20대에 하지 않아 후회하는 것들
꿈을 향해 매진하기
사랑하는 사람들에게 더 잘하기
대학 가요제 나가기

20대에 하길 잘했다고 생각하는 것들
일 년에 두 번 이상 해외여행
닥치는 대로 책 읽기
쿨하지 않게 연애하기

천방지축 대학 생활
다양한 직업 경험하기
대학원에서 공부하기
독립

연말정산을 하면 환급금이 많아야 즐겁다. 나의 20대 정산 결과, 안 해서 후회되는 것보다 잘했다고 생각하는 일이 더 많으니 얻은 게 더 많은 20대가 아닌가. 이제 환급금을 밑천으로 삼아 30대를 설계할 차례다.

30대에 하고 싶은 것들
책 쓰기
드라마 작가 데뷔
마라톤 완주하기
제과제빵 자격증 따기
매일 운동하기
J와 함께 산티아고 순례길 완주
남미, 아프리카 여행
봉사활동

40대에 접어들면서 30대를 정산할 때는 더 많이 얻어가는 인생이라고 평가할 수 있기를.

맑은 웃음 소리

어디선가 맑은 웃음소리가 들린다. 하굣길의 학생들이다.
'까르르 깍깍'
별로 웃기지도 않는 이야기에 세상이 떠나가라 웃고 있다.

'우리 나이는 낙엽 굴러가는 소리에도 웃을 나이래'
고등학생 때의 나도 이 문장처럼 눈물이 나도록 웃곤 했다. 낙엽이 굴러가며 무슨 소리를 내는지 상상하면서.

웃음소리의 맑음으로 어른과 아이를 구별할 수 있다. 어른은 공공장소에서 큰 소리로 웃으면 '낄낄', 아이들은 '까르르'.

아이들의 웃음소리가 듣기 싫지 않은 것은 아마도 그들의 순수함 때문이리라. 전 세계 어딜 가도, 아이들은 아이들이고 희망이다.

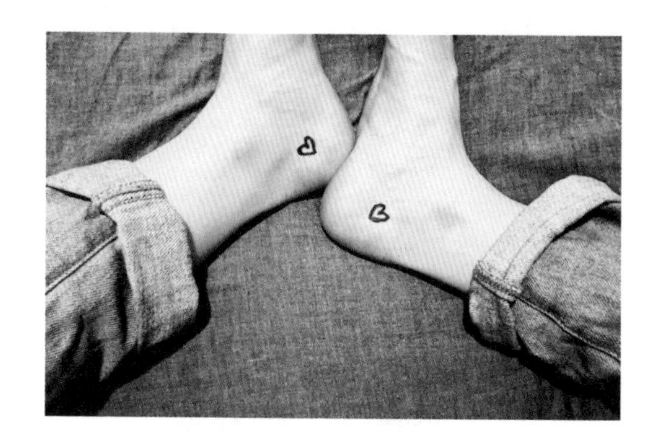

엄마는 '보통 엄마'가 아니다

시작도 하기 전에 눈물이 먼저 설친다. 참아보려 눈을 세게 감았다 떴다 하는데 오히려 닭똥같이 커진 눈물이 뚝뚝 굴러떨어진다. 엄마에게 편지를 쓰려는 참이다. 파리에 가면 꼭 하기로 했던 마음의 숙제 1번이다. 남편과 친구들에게는 때마다 편지를 잘도 쓰면서 엄마에게 펜을 들기는 왜 그렇게 어려운지, 나는 참 못난 딸이다.

엄마는 '보통 엄마'가 아니다. '보통의 엄마'란 무엇일까? 인간의 모습이 다양한데 공장에서 찍어낸 생산품마냥 똑같은 모양의 엄마가 있을 리는 만무하다. 하지만 보통은 '엄마'를 생각할 때 몇 가지 공통된 이미지를 연상한다. 우선 '엄마'는 '짜장면이 싫다'고 하는 사람이다. 사춘기에 갓 접어들었을 무렵, 동네 놀이터에서 친구들과 뺑뺑이를 돌리며 '어머님은 짜장면이 싫다고 하셨어'를 얼마나 크게 떼창을 했는지 모른다. 그 노래로 가수 GOD가 일약 스타덤에 올랐으니 아마도 우리 세대를 포함한 언니, 오빠, 그리고 이모, 삼촌에 이르는 많은 사람이 '짜장면이 싫다는

엄마'에 꽤 공감한 모양이다. 웃자고 인용했지만 여기서 짜장면은 '뭔가 좋은 것'을 의미하는 메타포이고, '엄마'란 자녀들에게 최선의 것을 주고자 엄마 자신의 것은 전혀 챙기지 못하는 사람, 즉 희생의 아이콘이다.

불행인지 다행인지, 아마도 다행이겠지만 나는 조금 특이한 엄마를 뒀다. 우리 엄마는 '슈퍼우먼'이다. 엄마는 어려운 집안에서 자랐는데 '상업고등학교에 가서 은행에 취직하라'는 외할머니와 형제들의 압력에도 불구하고 대학에 진학했다. 대학 졸업 후에는 곧바로 초등학교 교사가 됐다. 하지만 '보통'을 넘어서는 지점은 여기서부터다. 엄마는 평생을 가부장적인 문화와 투쟁하며 '신여성'으로의 삶을 살았다. 자식을 셋이나 낳기는 했지만, 남편이나 자식을 위해 인생을 희생하는 대신 엄마의 꿈을 계속 이뤄나가고자 부단히 노력하는 투사였다.

엄마를 떠올릴 때 가장 먼저 생각나는 이미지는 거실 식탁에 앉아 책을 읽는 모습이다. 엄마는 언제나 책을 읽었고, 공부했고, 아름다운 모습으로 앉아있었다. 교직 생활을 하고 아이를 낳아 키우는 동시에 엄마는 대학원에 들어가 석사학위를 땄고, 시를 써서 문단에 등단했다. 막내딸이 태어나 자식 셋을 키워야 했던 해엔 무려 개인 시집도 발간

했다. 엄마가 일하고 공부하는 동안 집안일과 양육은 양가 할머니가 맡아서 해 주었다. 어린 나는 엄마를 무척 자랑스러워했지만 동시에 '멋진 엄마'의 그림자-보통 엄마의 빈자리-를 늘 의식했다.

초등학교 2학년 소풍날이었다. 친구들이 엄마의 김밥을 정답게 나눠 먹을 때, 나는 배가 고프지 않다고 둘러대고 겨우 두 개 집어먹은 김밥 도시락을 가방 깊숙한 곳에 다시 넣었다. 눈이 어두운 할머니가 김에 붙은 먼지를 미처 떼지 못하셨는지 김밥에서 먼지가 무더기로 나왔던 탓이다. 이런 일이 비단 그 하루뿐이었겠는가. 학급 급식이 남으면 선생님은 집에 가서 먹으라며 내게 음식을 싸 주셨다. 선생님의 배려인 걸 알기에 감사함으로 받아 오기는 했지만, 손에 쥔 잔반은 '엄마의 부재'를 상징하는 기념물이었다. 친구 집에 놀러 가서 '엄마표 간식'이라도 얻어먹는 날이

면, 왜 내겐 저런 엄마가 없을까 속상해하곤 했다. 분명 엄마가 있기는 한데 '보통 엄마'가 아니었으니, 가끔은 내겐 '엄마'가 없다는 생각을 했다. 내가 경험한 결핍은 그런 것이었다.
게다가 엄마는 얼마나 똑똑하고 멋있는지, 그 옆에 가면 내 존재가 작아진다는 느낌을 받기도 했다. 엄마 앞에선 나 또한 모든 일을 잘 해내야 한다는 중압감을 느꼈다. 엄마도 '보통 엄마'가 아니지만, 엄마를 향한 나의 감정도 '보통'이 아니었던 거다.

엄마가 수면 아래서 발이 닳도록 물장구를 치는 힘든 백조였다는 걸 깨닫게 된 건 내가 어른이 되면서다. 직장생활을 하면서 아이를 셋이나 낳아 기르기까지 엄마는 얼마나 피나는 노력을 했을까. 그건 어쩌면 직업인으로의 삶을 포기하고 육아와 살림에 전념하는 것보다 더 힘든 일이었을지도 모른다. 반대로 엄마 되기를 포기하고 독신으로 살아가는 것보다도 힘든 여정이었을 것이다. 두 가지 충돌하는 역할 사이에서 끊임없이 균형을 잡아야 할 테니까. '엄마'에게만 돌봄과 가사노동의 짐을 지게 하는 것, '보통 엄마'를 스테레오타입화 시키는 것부터가 우리 사회의 문제라는 걸 알게 되었을 때 비로소, '슈퍼우먼'으로 살았던 엄마를 안타까운 눈으로 바라보게 되었다.

파리에 오기 전, 엄마는 내게 30년 전 육아일기를 건넸다.

> 오늘 아침 엄마가 출근하는데 네가 싫다고 울어서 마음이 안 좋더구나. 우리 아가에게는 많이 미안하다. 엄마가 늘 함께 있어 주지 못해서…. 그러나 혜인아 엄마는 열심히 사는 자세를 너에게 보여주고 싶다. 끝까지 열심히 살아 우리 아기에게 자랑이고 힘이 되어 주고 싶다. 엄마가 최선을 다해 열심히 살 듯 이다음에 우리 혜인이도 가치로운 것에 헌신하는 삶을 살기를 바란다. (1988. 9. 9.)

지금의 내 나이였던 엄마가 적어둔 일기 앞에서 나는 눈물을 쏟고 말았다. 엄마도 흔들리는 존재였다. 아파하고 고민했지만, 엄마 나름으로 최선의 삶을 나에게 보여주었다. 서른이 넘은 딸은 이제야 머리를 넘어 마음으로 엄마를 이해한다. 그동안 엄마의 마음을 몰라줘서 미안하다고 말하고 싶었다. 그 길을 가는 것이 얼마나 어려운 줄을 알게 된 지금의 나는 엄마에게 참 고맙다. 내가 세상에서 제일 존경하는 사람이 엄마고, 엄마만큼만 살 수 있다면 정말 성공한 인생이라고 생각한다. 솔직히 말하면 엄마만큼 잘해 낼 수 없을 것 같아 아직도 두렵다.

대단한 엄마가 있기에, 나는 서른 넘은 직장인 유부녀지만 파리에서 한 달 살아볼 용기를 낼 수 있었다. 내가 파리에 간다고 했을 때 적극적으로 지지해 준 사람은 세상에 딱 둘인데, 한 명은 J고 한 명은 엄마였다. 나를 숨 쉬게 하는 가장 가까운 사람 둘이 나를 응원한다는데 두려울 것이 뭐가 있으랴.

내게 언제든 비빌 언덕이 되어 줄 테니 마음껏 꿈을 펼치라고 말해주는 사람, 따스한 시선으로 모든 이를 바라봐야 한다고 입버릇처럼 말하는 사람. 살다가 불의를 만난다면 당당하게 맞서야 하며 내게 그런 힘이 있음을 알려준 사람. 내가 갈 길을 먼저 걸어준 사람. 이 멋진 사람이 나의 엄마여서 행복하다.

할 말이 이렇게 많은데 편지지에는 글씨 대신 눈물이 가득하다. 눈물만 가득 얼룩진 편지지를 건네도 엄마가 내 마음을 알아줄까?

잠시 발걸음을 멈춘 채로 눈을 천천히 꿈뻑. 한 번 더 꿈뻑.

카메라를

팝콘을 자주색 비트로 염색한 것 마냥 유난히 진한 분홍색 옷을 입은 팝콘 나무(사실은 벚나무)를 만났다. 그 모습이 귀여운데 발칙하고 당차다. 아니야, 신비롭다고 할까? 포슬포슬한 덩어리가 리코타 치즈처럼 나뭇가지에 뭉텅뭉텅 올려져 있는 봄의 나무 앞에서 나는 한참을 서성였다. 보고 있자니 고소한 향기가 풍겨오는 듯하다.

질투해

너무 예뻐서 '아쉽다'는 감정을 느껴본 적이 있던가? 아름다운 풍경이 많은 사람 중에 내게 와 주었는데, 자연이 뿜어내는 아름다움을 적절하게 표현하기에 내가 가진 단어는 너무 짧다.

최대한 눈을 크게 뜨고 그 모습을 내 안에 꾹꾹 눌러 담는다. 그러다 카메라에 질투가 난다. 이 순간을 머리와 마음으로 영원히 기억하고 싶은데 몇 년이면 내 기억은 바래져 버릴 것이다. 내 마음이 카메라처럼 팝콘 나무를 찰칵 찍어서 매년 벚꽃이 필 때 느낌 그대로 추억할 수 있다면 얼마나 좋을까. 앨범에 인화한 사진을 끼워두듯 오늘의 풍경을 내 안에 간직하고 싶다.

이제

우리
같이

행복
하자

나는 제로섬 게임이 싫다. 한쪽이 획득한 만큼 다른 한쪽이 손해를 본다는 건 잔인한 일이다. '세상엔 공짜가 없고, 승자가 있으면 패자가 있다.' 어떻게든 경쟁에서 살아남아야 성공하는 거라는 제로섬 룰이 지배하는 세상에 살고 있지만, 각박하고 갑갑해서 벗어나고 싶다.

다행히 행복은 제로섬게임이 아니다. 행복의 방향이 선을 향하기만 한다면 행복은 다른 사람의 행복을 침해하지 않는다. 오히려 행복은 여기저기로 활활 옮겨붙는다. 로맨스 드라마를 보는데 막 서로의 마음을 확인한 연인이 꿀 떨어지는 눈으로 상대를 바라볼 때 입꼬리가 나도 모르게 양쪽 귀로 딸려 올라가지 않나. 몇 년 만에 부모님께 속마음을 토로한 후 부둥켜안고 행복의 눈물을 흘렸다는 친구의 이야기를 들을 때 내 눈에도 행복의 눈물이 그렁그렁 맺힌다.
행복은 윈-윈 룰을 따른다. 네가 좋으면 나도 좋고, 좋은 게 좋은 것인 세상은 얼마나 다정한가.

파리에서 내가 만끽한 행복이 다른 이들에게 더 큰 행복으로 번져나갈 수 있기를 소망한다. 크고 튼튼한 횃불을 구해 내 안에서 불타는 행복을 사람들의 가슴에 옮겨주고 싶다. 내 마음은 이미 뜨겁게 타올랐으니, 이제 우리 같이 행복해지자.

여유 수업

길거리를 걷고 있는데 자전거 탄 사람이 잠시 멈춰 내게 '봉주흐' 하며 인사를 하고는 웃어 보인다. 살짝 당황했지만 나도 따라서 '봉주흐' 하고 손을 흔들었다. 파리 사람들은 늘 '봉주흐', '오흐부아', '메르시', '실부쁠레' 같은 말을 달고 산다. 다정한 표정과 제스처는 덤이다. 뒤에 있는 사람을 위해 자기가 열었던 문을 잡아주는 매너는 기본이다. 심지어 도심에서 두 명의 경찰이 말을 타고 지나가는데(차도에서 말이라니, 내 눈을 의심했지만 진짜였다) 뒤에 일렬로 선 차들이 말의 발걸음에 속도를 맞추고 있었다. 단 한 대의 차에서도 경적이 울리지 않았다.

나는 '빨리빨리' 문화를 온몸으로 체득한 사람이다. 나의 스케쥴러에는 한 달, 혹은 그 이상의 계획이 오전 오후별로 나뉘어 빼곡히 쓰여 있었다. 직업, 연애, 가족 관계, 우정, 취미 생활 중 어느 하나도 놓치고 싶지 않아서 나는 늘

뛰어다녔다. 문자 그대로 나는 걷지 않고 뛰어다니는 때가 많다. 대중교통을 이용하는 시간엔 영어단어라도 외워야 직성이 풀렸다. 빡빡한 일정을 소화해 마음에 드는 결과를 성취하면 그 만족감을 연료로 태워 다가올 한 달, 일 년을 다시 설계하곤 했다.

그렇게 살았던 이유는 나에게 '바쁨'과 '열심'이 동의어였기 때문이다. 하늘 한 번 올려다볼 여유가 없어도, 열심히 살고 있으니 잘 사는 거라고 착각했다. 하지만 세월이 흘러 뒤를 돌아보니 전력질주 하는 일상에서 놓친 게 많았다. 내가 사는 곳의 하늘이 어떤 색깔인지, 계절이 어떻게 변해 가는지, 옆집엔 누가 사는지 살펴볼 겨를이 없었다. 고등학생이 된 막냇동생이 언니를 필요로 한 날이 있었다는 걸 몰랐고, 에너지 넘치던 아빠가 어느새 걸을 때마다 다리를 절뚝거린다는 것도 눈치채지 못했다. 생일을 맞은

J가 '저녁에 뭐 할까' 묻는 전화에, 생일인 것도 잊고 '나 바쁘니까 먼저 자'라고 답하는 무신경한 파트너가 되어버렸다. '잘 살기' 기획에 '여유'를 셈하지 못했던 까닭에 나는 가장 소중한 것들을 놓쳐버렸다.
그게 얼마나 바보 같은 일인지 파리에 와서야 알게 되었다. 말의 걸음에 맞춰 뒤를 따라 걷는 이곳 사람들은 나보다 훨씬 더 많이 웃는다. 친절과 배려가 공기에 둥둥 떠다니니 자주 웃을 수밖에 없다. 이 정도면 배워볼 만하다. 내가 잘 알지 못하는 '여유'를.

지나가는 꼬마에게 먼저 인사를 건네 본다. 관광객들에게 다가가 사진을 찍어주기도 한다. 여유를 가졌더니 신기하게도 행복이 들어찼다. 오늘 나를 스쳐가는 사람들에게 다정함을 선사하고 싶다는 예쁜 생각이 가슴에서 피어난다.

곰돌이 푸가 주인공인 '위니더 푸'에서 내가 가장 좋아하는 에피소드가 있다. 이른 아침, 푸 방 창문이 열리고 낙엽 하나가 바람을 타고 들어와 아직 잠들어 있는 푸의 코에 콕 박힌다. 잠에서 깬 푸는 낙엽을 들고 있는 힘껏 뛰어 절친 크리스토퍼 로빈에게 가서 외친다.

"로빈, 가을이 왔어."

가을의 첫 날을 '푸'처럼 알아챌 수 있는 멋있는 사람이 되고 싶다. 파리에서 열심히 '여유'를 배워 가리라. 여백의 미는 나의 일상에도, 머리에도, 마음에도 필요하다.

꽃길만 걷자

육체가 젊을 때 가능한 한 많이 걸어두자는 생각에 일상에서는 물론이고 여행지에서도 많이 걷는다. 전 세계 어느 나라를 가도 아무 생각 없이 걷고 또 걷다 보면 신기하게 두 다리와 발바닥이 여행지를 알아간다. 머리가 그 땅을 이해하는 것보다 두 다리가 더 깊게 '친해져 준다'. 튼튼한 두 다리 덕분에 나는 그동안 내가 밟은 여행지와 절친이 되었다.

파리에서도 틈만 나면 걷는 생활을 이어갔다. 파리는 작은 도시이기 때문에 하루를 꽉 채워 걸으면 도시의 끝에서 끝으로도 이동할 수 있다. 어느 날은 시내에서 점심을 먹고 센 강 언저리를 따라 해가 질 때까지 걸었더니 동쪽 끝에 있는 집에 다다랐다. 그 날은 내가 온 길을 지도에 더듬으며 꽃 스티커를 쭉 붙여 보았다. 앞으로도 '꽃길만 걷자'고 중얼거리면서.

걷는 게 지루하거나 지칠 때는 대중교통을 이용한다. 여행지에서는 새벽 시간이거나 부득이한 상황이 아니면 절대로 택시를 타지 않는다는 철칙이 있어서다. 언제 왜 정한 규칙인지는 모르지만 단 한 번의 예외도 없이 지켜가고 있는 나와의 약속이다. 대중교통이 중간에 끊기거나 목적지에서 정류장이 멀면 또 두 다리를 이용해 그만큼을 걸으면

Gare de l'Est

되기 때문에 걱정할 건 전혀 없다.

대중교통을 이용할 때는 또 다른 즐길 거리가 있다. 우선 대중교통 중에 제일 선호하는 게 지하철인데 지금 어디로 향하는 건지, 내가 맞는 길을 가는 건지에 대한 불안감이 없으니 지하철 탑승 시간을 알차게 즐길 수 있다. 그중 최고는 사람 구경이다. 지하철은 한 도시의 문화 박물관이다. 다양한 사람들이 타고 있으며 출퇴근 시간, 낮, 밤 별로 현지 사람들이 어떤 생활을 하는지 파악할 수 있다. 언어까지 아는 나라를 여행할 때면 무슨 이야길 나누며 살아가는지도 알게 된다.

파리의 지하철은 재미있다. 우리나라 지하철은 가로로 길게 두 줄의 좌석이 배치된 반면에 파리 지하철은 버스처럼 켜켜이 좌석이 쌓여있다. 게다가 좌석 간 간격도 좁고 승객끼리 얼굴을 마주 보게 되어 있다. 가족이나 가까운 친구 사이에서나 허락할 법한 가까운 거리에서 생판 모르는 타인을 마주해야 한다. 나는 누군가와 가까이 있는 것을 꺼리는 편이 아니라서 파리 사람들과 부대끼는 지하철이 좋았다. 눈이 마주치면 씽긋 웃으며 인사를 하기도 하고, 영어를 할 줄 아는 사람을 만나면 이런저런 대화를 나누기도 했다. 그렇게 이야기하다 친구가 된 적도 있으니, 내게 지하철은 일종의 사교의 장, 아니면 파티장이랄까.

버스는 버스대로의 매력이 있다. 현지의 풍경을 즐길 수 있는 가장 좋은 교통수단이다. 사람이 적은 시간대에 창가에 자리를 잡고 종점까지 쭉 타고 가면 창밖으로 스치는 파리의 거리를 파노라마로 감상할 수 있다. 루브르 박물관과 주요 관광지를 지나가는 버스도 있는가 하면 마레지구

같이 아기자기한 생활상을 엿볼 수 있는 버스 노선도 있다. 나는 오전에 아무 버스나 골라 타고 종점까지 가서, 근처에 있는 맛집을 검색해 점심을 먹은 뒤 다시 집으로 돌아오곤 했다. 달랑 버스비만 내면 뜨거운 태양도 피하고 비도 피하면서 거리 구경을 하는 거니까 가격도 얼마나 저렴한지.

대중교통의 도움을 받아 두 다리로 하는 여행은 새로움으로 가득하다. 책에서도 알려주지 않은 현지의 숨겨진 보물을 내가 직접 발굴할 수 있다. 계획되지 않았던 만남이 찾아오기도 한다. 내 다리가 몇 살 때까지 버텨줄지 모르지만 몇 발자국 걷지 못하는 날까지는 열심히 다리에 기름칠하며 걸어볼 생각이다.

'호도독' '호도독'
빗소리를 들으며 방 안에서 창밖을 내다본다.

찬 기운을 머금은 공기가 팔다리를 감싸고, 딱 좋은 습도는 피부에 보드라움을 선사한다. 미스트처럼 분사되는 안개비는 도시의 채도를 낮추어 아날로그 필름 같은 분위기를 만들어 낸다.

길 곳곳에 심어진 풀과 나무는 잠에서 깨어 푸릇함을 더하고, 촉촉이 젖은 흙은 덩달아 신이 나 진한 흙내음을 뿜어낸다. 그러다 빗줄기가 서서히 굵어지면 아스팔트와 만나 톡 톡 튕겨 나가는데 이 장면에 얼마나 위트가 넘치는지 모른다. 저 잘난 맛에 고개를 빳빳이 세우고 동네 경양식 집을 누비고 다니던 십 대 시절을 떠올린다고 할까.

센 강은 어떤가. 빗방울이 센 강 줄기에 제 몸을 던지면, 자애로운 강은 '고생했어' 토닥이며 많은 것들을 품어준다. 이 풍경에 어찌 반하지 않을 수 있을까.
비가 오는 날의 구름은 또 얼마나 시적인지. 두툼하게 부풀어 물기를 가득 머금은 구름은 마치 언제든 함께 울어줄 준비를 하는 친구 같다. 기쁜 친구를 위해서는 기뻐서 울어 주고, 슬픈 친구를 위해선 슬퍼서 울어주는 사려 깊은 구름이다. 파리에 비가 많이 내리는 까닭은 기쁜 사람과 슬픈 사람이 유난히 많아서가 아닐까. 그래서 파리의 비는 다정한 위로가 된다.
우산을 쓰지 않고 나가도 좋다. 짓궂은 바람이 우산을 망가뜨리기 일쑤이기 때문이다. 하지만 쓰레기통에 버려진 망가진 우산마저도 근사한 예술작품이 된다.

후다닥 뛰어 골목 끝에 있는 카페에 들어간다. 씁쓸한 커피 향을 맡으며 비 오는 풍경을 감상한다. 좋아하는 책을 곁들인다면 그대로 천국이다.

맑은 날의 파리는 화려하고 흐린 날은 멋스럽다. 그리고 파리는 비 올 때 제일 예쁘다.

아빠, 안녕?
아빠가 세상에서 제일 자랑스러워하는 큰딸이 오랜만에 편지를 쓰네요. 아빠와 쌓은 조금 특별한 추억을 생각하다가 펜을 들었어요.

아마 우리는 아빠와 딸 단둘이 여행을 한 부녀로, 우리나라에서 열 손가락 안에 들 거에요. 내가 열 살 때 아빠가 나를 데리고 해외 여행길에 올랐던 그 날부터 우린 동남아 국가들, 홍콩, 일본, 영국, 파리 등 수많은 나라를 함께 여행했지요.
그러고 보니 아빠는 내게 여행의 세계를 처음 열어주고 그 맛을 알려준 사람이네요.

아빠도 기억하는지 모르겠지만, 우리 여행의 역사는 꽤 오래전에 시작됐어요. 그건 내가 일곱 살 때 생애 첫 비행기를 타고 부산으로 가는 여행에서부터였지요. 그 날 얼마나 설렜는지 그 옛날의 일이 지금까지도 생생하게 기억나요.

엄마 없이 나를 데리고 떠나는 여행에 아빠도 신이 났는지, 하고 싶은 일, 먹고 싶은 것이 있으면 다 말하라고, 아빠가 뭐든 해주겠다고 싱글벙글하던 아빠 얼굴이 아스라이 떠오르네요.

아빠는 그 날, 나를 헬리콥터에 태워주었어요. 두두두- 시끄러운 소리가 가득한 헬기 안에서 멋있는 헤드폰을 쓰고 아빠 손을 잡고 해운대로 날아가던 그때, 나의 몸과 마음은 말 그대로 하늘을 날았지요.
아마 그 날의 경험 때문에, 나는 사랑받는 사람이고, 특별한 사람이며, 훨훨 날 가능성을 가진 사람이라고 자신을 격려할 줄 아는 사람이 된 게 아닐까요.

이십 대 초반까지 아빠와 함께했던 여행의 순간순간이 파노라마처럼 스쳐 가네요. 아빠와 낙하산을 타고 뛰어내린 추억, 분위기 좋은 바닷가에서 해산물을 구워 먹던 저녁날의 풍경, 배꼽티를 입었다고 나를 놀리던 아빠의 얼굴.

여행지에서 사원에 가는 날 예의를 갖추기 위해 긴 바지를 찾아 입었더니, 우리 혜인이가 알아서 옷도 챙겨 입는다며 '다 컸다'고 엄마에게 전화를 걸어 자랑했던 것, 식사 후 내가 입을 가리고 이쑤시개를 사용했더니 교양 있다고 칭찬

해 준 일처럼 아주 사소한 아빠의 말 한마디까지도 나는 다 기억해요.

일본에 여행 가던 날엔 둘 다 늦잠을 자 비행기를 놓치기도 했고, 여행지에서 내가 열이 펄펄 나는데 휴일이라 약을 구할 수 없어 전전긍긍하던 아빠가 궁여지책으로 호텔 욕실에서 뜨거운 물을 받아놓고 나더러 '몸을 좀 지지라'며 재촉하기도 했지요. 그리고 홍콩 백화점에선 잔소리하는 내게 성을 내 크게 싸웠던 적도 있어요. 그 날 나는 눈물을 뚝뚝 흘리며 백화점을 배회했어요. 그러다 우연히 1층에서 다시 만난 아빠와 말없이 함께 걸었지요. 누구도 사과는 하지 않았지만 그렇게 허무하게 우리의 싸움은 끝이 났어요.

이제 와 고백하건대 남자친구 문제로 아빠와 갈등을 빚었던 이십 대 중반엔 우리가 영국에서 같이 찍었던 여행 사진을 쓰레기통에 처박아 버린 적도 있어요. 구겨진 사진을 나중에 다시 꺼내 애써 손바닥으로 펴 놓기는 했지만요.

내게 예쁜 옷을 입히고 좋은 음식을 먹이며 공주처럼 애지중지 키우면서도, 동시에 내 마음에 세상을 향한 호기심과 모험할 줄 아는 씩씩함을 불어 넣어준 아빠. 아빠 덕분에 저는 열 아들 부럽지 않은 용기 있고 당찬 딸로 자라날 수 있었어요. 요즘도 가끔 집에 가는 날이면 '여왕마마 무엇을 드시겠사옵니까' 너스레를 떨며 뭐라도 더 해 주고 싶어 안달이 난 아빠를 볼 때마다 생각해요. 아빠가 이만큼 사랑해주는데 내가 어디 가서 무슨 일을 못 할까. 내 자신감의 원천은 아빠의 사랑이 아닐까 하고요.

아빠, 우리 둘이 여행할 날이 또 올까요?
단둘이 하는 여행은 졸업할 때가 되었는지도 모르겠어요. 이제 동생들도 다 컸고, 엄마도 젊은 시절보다 덜 바쁘고, 내게도 인생을 함께하는 파트너가 생겼으니까, 우리 둘이 여행하기보단 가족이 다 함께 여행할 일이 더 많겠죠.

인생이라는 여행에서, 내가 아빠의 둘도 없는 메이트가 되고 싶어요. 아무것도 모르는 어린 나에게 아빠가 세상을 보여주었듯, 이제는 내가 아빠에게 새로운 세상을 펼쳐드릴게요. 아빠가 내게 경험시켜준 헬리콥터와 낙하산보다 더 짜릿한 모험과 행복을 선물하는 큰 딸이 될게요.

제대로 만끽하려면 우선 건강해야 한다는 거 알죠? 그리고 꼭 필요한 준비물은 언제나 청춘 같은 마음이에요. 함께 여행할 우리의 다음 30년이 무척 기대돼요.

마지막으로, 한 이십 년 만에 고백 하나 할게요.
많이 사랑해요, 진심으로.

시간을 잊고 살다

우버 택시라는 것을 파리에 와서 처음 이용했다. 우버는 자가용을 가진 개인이 우버 앱에 기사 등록을 하면 택시로 운영할 수 있는 애플리케이션이다. 목적지만 입력하면 금액이 제시되고 금방 탑승할 수 있으므로, 말이 안 통하는 외국에서 유용한 애플리케이션이다.

파리에서 나는 시간을 잊고 살았다. 이십 대에는 혼자 여행할 때 저녁 8시만 돼도 무서워서 숙소로 들어가곤 했는데, 어찌 된 일인지 이번 여행에는 두려울 것이 없었다. '어떻게 온 여행인데 1분 1초까지도 알차게 누리고 돌아가야지'. 이런 의지로 가득해서 밤에도 '성실하게' 놀았다. 근사한 바에서 기분 좋게 와인 한 잔을 하거나 우연히 친구가 된 사람들과 재미있는 시간을 보내다보면 자정이 후딱 지나갔다. 그러면 우버를 부를 차례! 우버 기사는 언제나 호출 5분 이내에 내 곁에 와 주었고 집까지 안전하게 나를 바래다주었다.

그러던 어느 날, 유난히 늦은 새벽 2시에 집에 돌아가게 됐다. 여행지에서 친해진 언니가 한국으로 돌아갈 때가 되어 작별인사를 했던 날이다. 그 날도 나는 우버만을 철썩같이 믿고 언니네 집에서 나와 새벽 두 시의 밤거리에 섰다. 평소처럼 우버를 불렀고 근처에서 우버가 오는 길이라고 표시가 됐다. 그러나 5분 내로 도착한다던 우버는 10분이 지나고 20분이 지나도 감감무소식. 쌀쌀한 밤공기에 덜덜 떨며 하염없이 우버를 기다렸다. 그런데 애플리케이션에 내가 이미 우버를 탔다는 '탑승 중' 처리 알림이 뜨는 게 아닌가?

'무슨 소리지? 나는 길에서 떨고 있는데.' 하지만 내가 할 수 있는 일은 아무것도 없었다. 취소 버튼을 누르면 '이미 우버가 운행 중이므로 취소할 수 없습니다'라는 표시가 떴다. 타지도 않은 우버를 취소할 수도 없고, 다른 우버를 부

를 수도 없는 상황. 설상가상으로 지나가는 일반 택시도 없었다. 머리털이 쭈뼛쭈뼛 섰다. 오랜만에 공포를 느끼며 밤거리를 배회하길 40분 남짓. 우버에 알림이 떴다. 내가 집에 도착했다는 것이다. 등록해놓은 신용카드로 결제도 마쳤다고 한다. 이게 대체 무슨 상황이란 말인가? 나는 집에서 40분 걸리는 거리에서 우버를 기다리고 있다고!

기사에게 전화가 왔다. 뭐라고 하는지 도통 알 수가 없었다. 영어도 통하지 않았다. 하는 수 없이 전화를 끊고 어플리케이션을 보았더니 운행이 끝난 상태라 새로운 우버를 부를 수 있다고 했다. 서둘러 다른 우버를 불렀고, 다행히 집에는 돌아갈 수 있었다.

우버 앱에서 지난 운행을 살펴보면서 곰곰이 생각해 봤다. 사기를 당한 걸까? 기사 아저씨를 클릭하니 나이가 60대쯤 되어 보이는 기사의 얼굴이 떴다. 사진을 보고 있자니 어쩌면 기사가 실수한 게 아닐까 하는 생각이 들었다. 우버라는 애플리케이션을 쓰는 게 나에게도 익숙지 않은데 나이 많은 기사는 얼마나 어색할까. 내가 입력한 목적지를 출발지라고 오해한 건 아니었을까? 그래서 나를 태우러 목적지인 집까지 간 걸까. 합승을 허용한 콜이었으므로 나 대신 다른 사람을 태워 내 집에 갔을 수도 있겠다. 여러

가지 가능성이 머리를 스쳤지만, 사기를 당한 건 아니라고 결론을 짓고 싶었다. 사람을 미워하게 되는 건 정말 싫으니까.

다행히 나는 집에 잘 도착했고, 다음날 우버 애플리케이션에 요청해서 청구된 금액도 전액 환불받았다. 그리고 나를 태우지 않고 40분을 밤길에서 서성이게 한 기사 아저씨도 용서했다. 덕분에 파리의 밤공기를 원 없이 마셔 보았다고, 진짜 위험한 일이 생길 수도 있으니 경각심을 잃지 말라는 예방주사를 맞은 거라고 위안하면서.

희희낙락한 인생

인간의 감정을 단순화하면 '희로애락' 네 가지로 표현할 수 있을 것이다. 나는 유독 희로애락이 넘치는 사람이다. 하루에도 몇 번씩 기뻤다가 슬프고, 화가 나다가도 즐겁다. 밥 한 끼 맛있으면 기뻐서 깡충깡충 뛰고, 우연히 켠 텔레비전에서 슬픈 장면이 나오면 곧바로 눈물을 뚝뚝 떨군다.

하지만 희로애락 중에서도 남들보다 특히 잘 느끼는 감정이 있으니 그건 바로 '희'와 '락'이다. 태생적으로 기쁨과 즐거움을 잘 느끼도록 설계된 게 아닐까 생각할 만큼, 나는 줄곧 기쁘다. 자정이 넘어 퇴근할 때 불을 밝힌 네온사인에도 웃음이 터져 낄낄대기도 하고, 버스를 놓친 출근길 담벼락에 핀 장미를 보면서 '버스를 놓쳤지만 너를 발견해서 기쁘다'며 웃기도 한다. 길을 걷다 넘어지면 어떤 자세로 넘어졌는지 친구들에게 이야기해줄 생각에 바보 마냥 키득거리며 일어난다.

그러고 보면 희로애락 중 '희'와 '락'에 반응도가 높은 내 삶은 꽤 '희희낙락'한 인생이라 할 수 있겠다. 가끔은 내게 주어진 모든 것이 기쁘고 감사한 일뿐인 것 같아 남들에게 미안할 때도 있다. 이런 행복을 나 혼자 누리는 건 아닌가 싶어서. 그래서 내가 발견한 그 날의 기쁨을 주변 사람들과 공유하려고 노력한다.

파리에 와서는 예쁜 하늘을 보면서 그 생각을 특히 많이 했다. 티 없이 맑고 파란 하늘을 많은 사람과 나누고 싶다. 바라만 봐도 마음이 환해지는 파리의 하늘을 나만 누리기엔 너무 아까우니까.

"파리의 하늘, 같이 덮어요. 우리."

파리는

날마다

축제

'축제'라는 단어가 저절로 떠오르는 도시. 파리는 축제로 가득 차 있다. 멀리 있는 것이 아니다. 집을 나서면 동네 골목 어귀에서, 지하에 들어서면 지하철 플랫폼에서, 광장에 나가면 넓은 무대에서 축제는 펼쳐진다.

지하철에서 처음 버스킹하는 악단을 만난 날, 황홀한 음악에 취해 온몸을 흔들며 축제에 참여했다. 지하철에서 공연하는 밴드는 정말 훌륭했고 멋진 음악이 울려 퍼졌다. 온몸에 기분 좋은 소름이 쫙 돋았다. 파리 사람들은 저런 악단을 매일 본다는 듯 무덤덤하게 그들을 바라보았는데, 나 혼자서 흥이 나 동전을 탈탈 털어 밴드의 모자에 넣고 한참 동안 박수를 멈추지 못했다.

오르세 박물관 광장에서도 수준 높은 공연을 만난 적이 있다. 흥미롭게도 이 밴드에는 나이가 많은 할머니가 춤꾼(?)을 하고 있었다. 울려 퍼지는 음악에 맞춰 몸을 흔들흔들. 할머니를 보며 내 몸도 같이 들썩들썩. 삼십 분 가까운 시간 동안 계단에 앉아 멋있는 공연을 감상했다. 만족도가 높았던지라 모자에 돈도 두둑이 넣었다. 집에 가는 길에도 흥이 남아 마음에만 들리는 리듬에 몸을 맡기고, 목으로 까딱까딱 장단을 맞추며 걸었다.

어느 주말엔 오페라 가르니에 쪽에서 큰 브라스밴드 공연이 있었는데, 바로 옆에서 비보잉팀이 춤을 추고 있었다. 두 눈에 담기에도 벅찬 양 팀의 에너지 넘치는 퍼포먼스에 나의 온몸과 마음은 또다시 즐거움으로 범벅이 되었다.

파리는 축제로 가득한 도시다. 아니 반대로 파리라는 도시가 사람을 '축제답게' 만드는 걸지도 모른다. 나도 파리에서 매일 조금 더 축제다운 사람이 되어간다.

더 많이 사랑해서 질 수밖에 없는 연애를 '을의 연애'라고 한다. '갑'은 언제나 멋지게 떠나지만 '을'은 미련에 허우적대기 마련이다.

좋은 시절 앞에서 나는 영원한 '을'일까. 삶의 중요한 순간마다 읊조리는 문장이 있다. '이 시간도 지나가리라.' 고된 현실을 견디는 인내의 말이기도 하고, 순간을 만끽하기 위한 카르페디엠이기도 하다. 하지만 가장 단순하게, 시간의 유한성을 말한다. 가는 세월은 누구도 막을 수 없다.

사람이나 시간이나, 떠나보내는 건 쉬운 일이 아니다. 게다가 좋은 시절일수록, 매정하게 멀어지는 시간 앞에서 나는

힘없는 '을'이 되고 만다. 그래서 모두에게 청춘은 속절없이 흘러간 미련의 보고인가보다.

째깍째깍. 파리에서의 한 달이 지나간다. 내가 이 시간을 얼마나 사랑하는지 하루가 눈 깜짝할 새 흘러가는 것 같아 조바심이나 죽겠다. 파리의 시간 앞에서 나는 슈퍼 '을', 아니 병, 정, 무, 기, 경, 신쯤 되는 미련통이가 되었다. 파리는 나 없어도 살겠지만 나는 파리 없이 못 살겠다.

지나가는 시간의 바짓가랑이라도 붙잡고 매달리고 싶은 심정으로 파리에서의 하루를 살았다. '시간아 가지 마. 내가 더 잘할게. 엉엉.' 그래도 시간은 쑥쑥 미련 없이 간다. 좋은 시절은 '갑'이고 갑은 쿨하니까.

나는 딸 부잣집의 맏언니다. 이상하게 나를 오빠 많은 집의 막내딸일 거라 생각하는 사람이 많지만 나는 사실 늦둥이 여동생을 둘이나 둔 늠름한 첫째 딸이다. 동생들과 나이 차이도 크게 난다. 바로 아래 동생은 얼마 전 20대가 된 새파란 청춘이고, 막냇동생은 아직 고등학생이다. 그래서 나에게 동생은 형제라기보다 조카나 딸 같은 느낌이다. 초등학교 3학년 때 처음 동생을 봤고, 막내는 내가 중1 때 태어났으니, 동생들을 '업어 키웠다'는 말은 빈말이 아니라 사실이다. 그렇게 키운 동생들을 향한 자매애는 각별하다.

새카맣게 어리기만 했던 동생들이 어느새 성장했다. 나를 세상에서 제일 예쁘다고 말해주던 애들이 어느 순간, '솔직히 그건 아니라'고 한다. 잔소리했더니 인상을 팍 쓰며 반항하기도 한다. 둘째에게 인생 상담을 해 주던 어느 날, '내가 그것까지 언니한테 허락 받아야 해?' 라는 비수를 맞기도 했다.

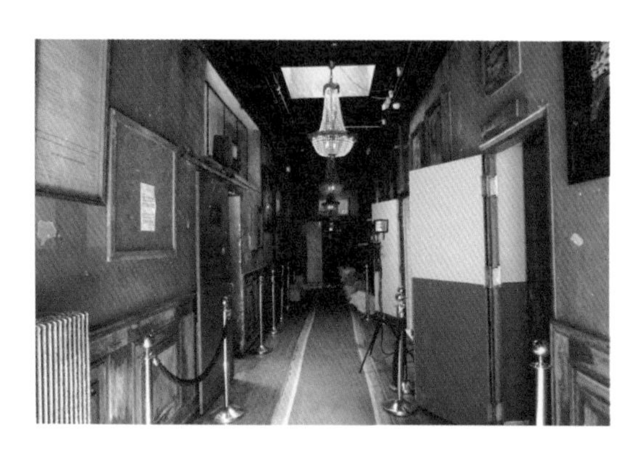

어쩌랴 모든 사랑은 내리사랑이라고 하지 않나. 내가 반항을 해도 부모님이 나를 사랑했듯이, 고분고분하지는 않지만 나는 동생들을 많이 사랑한다.

여행할 때 제일 중요한 과제 중 하나는 동생들 선물을 사는 일이다. 파리에 간 큰언니가 얼른 돌아오길 바라는 마음의 8할은 아마도 파리에서 날아오는 프랑스산 선물 때문일 테니까.

둘째 동생 선물은 디즈니의 인어공주 캐릭터 에리얼을 콘셉트로 잡았다. 에리얼이 떠다니는 아이스 텀블러, 에리얼 펜, 에리얼 뺏지 등. 스무 살이 넘긴 했지만 둘째 동생은 아직도 에리얼을 무척 좋아한다. 어렸을 때 디즈니 만화를 보고는 에리얼에게 빠져서 16살 때 결혼을 하겠다며 노래를 부르고 다닌 녀석이다. 16살 하고도 6년이나 지났는데 아직 결혼한단 얘기가 없는 걸 보니 어른이 되긴 한 모양이다.
동생은 실제로 에리얼과 많이 닮았다. 작은 체구에 동글동글한 이목구비, 긴 머리. 문어 마녀 울슐라가 탐낼 만큼 목소리도 예쁘고 노래도 잘한다. 에코백에 에리얼을 달고, 에리얼 팬으로 필기를 하고, 텀블러에 아이스커피를 담아 마시며, 자신의 귀여운 매력을 발산할 수 있기를 바라면서,

에리얼 세트를 뽁뽁이에 잘 포장했다.
막냇동생을 위해서는 오르골을 골랐다. 막내는 겉으로 볼 때 무척 씩씩한 여고생이다. 우리가 모두 상상하는 그런 여고생, 교복 치마 위에 티셔츠를 입는 것을 좋아하며 친구가 많고 세상을 호령할 듯 우렁찬 목소리를 가졌다. 키는 168이나 되어 나를 내려다볼 때가 많지만 잠자코 살펴보면 앙증맞은 얼굴에 아직 보송한 솜털을 가지고 있다.
막냇동생은 참 감사하게도 섬세한 감성을 가진 아이이다. 막내 방 침대에 가서 누우면 천정에 막내의 성품이 드러나는 글이 써있다.

"오늘 하루도 수고했어. 남에게 상처 주지도 받지도 말고, 항상 행복하자."

처음 이 문구를 발견했던 날, 나는 동생에게서 배울 점이

많구나 하고 느꼈다.
생각이 깊은 동생이 지친 하루의 끝에 보석함을 열고, 액세서리를 정리하며 아름다운 음악을 들었으면 좋겠다는 마음으로 오르골을 골랐다. 딸랄라라- 하는 단조로운 멜로디가 마음을 어루만지길, 그래서 달콤한 꿈을 꾸며 잠들 수 있다면 참 좋겠다. 여리고 섬세한 멜로디가 막내를 닮은 것 같아 미소가 절로 지어졌다.

사실 에리얼굿즈나 오르골보다 더 주고 싶은 건, 세상의 많은 것을 먼저 보고 들은 언니의 눈과 귀, 그리고 아픈 것들로부터 단련되어 꽤 단단해진 언니의 마음이다. 절대 쉽지 않은 인생에서 여린 가슴에 상처를 내는 일들은 언니가 먼저 겪었으니 너희들은 영혼을 아름답게 하는 것들을 더 많이 누리며 살아갈 수 있기를.

우리가 다시 만난다면, 그 땐 여름이면 좋겠어. 나는 까르띠에 라땡에 집을 얻을 거고, 에펠탑이 보이는 잔디밭에 앉아 따사로운 햇살에 내 온몸과 마음을 맡길 거야.
파리에서만 상영되는 예술영화를 눈에 땀이 나도록 볼 거고, 밤이면 재즈클럽을 찾아다니며 영혼을 풍요롭게 할 거야. 가능한 많은 와인을 마실 거고, 기왕이면 돈도 많이 벌어 세계적으로 이름난 쉐프의 요리도 한번 먹어보고 싶어. 좋은 밀가루로 직접 크루아상을 구울 거고, 맛있는 빵을 함께 나눌 친구도 사귈 거야.
크고 깊게 숨을 들이쉬어 가슴 가득 너를 담고 싶어. 그리고 더 천천히 걸으며 진심으로 너를 느낄게. 다시 만날 때까지 지금처럼 멋있어 주기를. 보고 싶을 거야, 파리.

#4

너와 나의 파리

익명과 호명 사이

유명한 식당과 카페가 즐비한 큰길에서 두어 번 꺾어 들어간 작은 샛길에, '자코빙'이라는 프랑스 가정식을 파는 식당에 갔다. 꼬꼬뱅을 먹으러 찾아간 길이었다. 닭을 의미하는 코코에 와인을 뜻하는 뱅이 합쳐진 단어로, 와인으로 조리한 찜닭이라는데, 파리에 올 때부터 먹겠다고 다짐했던 음식이다. 식당으로 들어서자마자 훤칠한 웨이터가 나를 맞아주었다. 주문을 받고 그가 내 이름을 물었다.

"저는 릴리예요."

이름은 왜 묻는 걸까? 갸우뚱했지만, 잠시 후 음식을 내올 때부터 그는 다정하게 서비스에 내 이름을 담아주었다. "맛있게 드세요, 릴리", "후식 드릴까요, 릴리?" 기분이 좋았다. 혼자 식당에서 음식을 먹고 있지만 혼자가 아닌 느낌이었다. 맛있게 먹고 레스토랑을 나서는데 웨이터가 말했다.
"또 보자, 릴리"

파리에서 몇 주를 생활하면서 자주 가는 단골집이 생겼지만 '또 보자'는 말을 듣는 건 처음이었다. 보통 점원들은 문을 나서는 내게 '오흐부아(Good Bye)'라고 인사하곤 했다. 간단한 인사말이지만 '또 보자'는 인사가 내 마음에 꼭 들었다. 거대한 파리 사회의 아주 작은 부분을 떼어 내게 공유하자고 말해주는 것 같았다. 다시 올 수 있는 사람이라고 생각해 주는 게 참 고마웠다.

집에서 가깝지 않은 식당이라 또 갈 예정은 없었지만, 웨이터의 따뜻한 인사말에 반해 다시 자코빙에 가게 됐다. 딸랑, 소리와 함께 문을 열고 들어선 내게 웨이터가 외쳤다.
"안녕, 릴리?"

깜짝 놀란 내가 말했다. "나를 기억해요?" "물론이지, 릴리. 어서 와요." 또 보자는 말만으로도 이미 충분한 선물이 되었는데, 겨우 두 번째 만난 여행객을 알아봐 주다니 그는 정말 섬세한 사람임에 틀림없다. 다정하게 서빙해준 휠레 미뇽(돼지고기 안심)을 먹는데 기분이 좋아선지 음식이 유난히 맛있게 느껴진다.

바로 얼마 전까지, 나는 여행이 주는 가장 큰 달콤함 중 하나가 바로 익명성이라고 생각했다. 여행자인 나에 대한 정보는 내가 입을 열기 전까지 베일에 꽁꽁 감추어져 있다. 익명성을 토대로 하는 유랑이기 때문에, 온라인에서 누릴 수 있는 자유 비슷한 것을 낯선 여행지에서도 만끽할 수 있다고 생각했다.
평소 입지 않는 과감한 옷을 입기도 하고, 갑작스러운 충동으로 타투나 레게머리를 할 수도 있다. 여행지에서 우리는 처음 보는 사람과 밤새 술을 마시며 내일이 없는 것처럼 놀 수도 있고, 다시 볼 일 없는 사람과 짧아서 더 짜릿한 사랑을 할 수도 있다. 아무도 나를 모르니까.

익명이 주는 자유를 갈망하다가도 자유가 지속되면 금세

외로움을 느낀다. 처음엔 자유롭게 여행을 즐기지만, 시간이 지나면 가족과 친구가 있는 내 나라에 대한 향수병에 빠지기도 한다. 나를 알아주는 이가 아무도 없는 것에서 비롯한 슬픔이다.

웨이터가 다정하게 '릴리'를 불러 주었을 때 나는 깨달았다. 누군가 내 이름을 불러주고 나를 알아봐 주는 건 참 기쁘고 고마운 일이구나. 바로 '호명'의 중요성이다. 그렇다면 나는 '익명'과 '호명' 사이에서 보물찾기하는 걸까. 물론 보물은 행복이다. 익명과 호명 사이 어느 지점에 행복이 가장 많이 숨겨져 있을까?

기분 좋게 배부른 식사를 마치고 식당을 나선다. 이번에도 "또 보자, 릴리." 다시 파리에 간다면 꼭 그 레스토랑에 다시 가고 싶다. 그때는 내가 다정하게 그의 이름을 불러 주어야지.

Fucking Heavy!

파리에 도착한 날, 공항에서 시내로 들어가는 길에 도로 한복판에서 싸움이 났다. 그런데 그 장면이 가히 충격적이었다. 분노에 찬 남성이 다른 차의 보닛에 올라 쾅쾅 뛰며 차를 부수려 하는 게 아닌가. 결국 상대 남성도 화가 나서는 자동차에 올라간 사람을 거세게 붙잡아 끌어내리는 무력사태가 벌어졌다. 덕분에 도로는 아수라장이 되었는데 더욱 놀라운 건 내가 탄 버스 기사의 반응이었다. 창문을 내리더니 욕으로 추정되는 말을 한 바가지 뱉어낸 후 가운데 있는 손가락을 내미는 것이었다.

'이 사람들 꽤 다혈질이구나.' 프랑스에 발을 디디자마자 의외의 모습을 마주해 놀라긴 했지만, 어쩐지 친근하단 느낌이 들었다. 마냥 교양 있을 줄 알았던 파리 사람도 화나면 차를 때려 부수고 창문 밖으로 미국산 바디랭귀지를 시전하는구나. 사람 사는 곳은 다 똑같다, 싶어 삐질삐질 입 밖으로 새어 나오는 웃음을 다스리느라 고생했다.

프랑스인과 만난 첫날의 추억은 여기서 끝나지 않았다. 숙소까지 들어가려면 지하철로 환승해야 하는 까닭에 나는 무거운 트렁크를 질질 끌며 지하로 들어갔다. 지하철은 음침했고, 안타깝게도 엘리베이터와 에스컬레이터를 쉽게 찾을 수 없었다. 30kg에 달하는 트렁크를 들고 계단을 오르락내리락하는 것은 거의 지옥훈련에 버금가는 중노동이었다. 용을 쓰며 한 계단 씩 트렁크를 옮기는 내가 안쓰러웠는지 TV에서 볼 법한 아름다운 외모를 가진 언니 한 명이 휘적휘적 다가왔다. 가죽 재킷에 무릎까지 올라오는 긴 부츠를 신은 건강한 그녀는 백마 탄 왕자님처럼 내 트렁크를 멋지게 들어 올렸다. 정말 고맙다고 내가 연신 땡큐 땡큐를 외치자, 도움이 필요한 사람을 도와주는 건 시민의 당연한 의무라며 시크하게 말하고는, 몇 개나 되는 계단을 지나는 내내 트렁크를 옮겨주었다.

그리고 마지막 계단을 올라왔을 때, 그녀는 상기된 얼굴로 말했다.
"Anyway it is fucking heavy!"
(근데 이 트렁크 빌어먹게 무겁긴 하다!)

우리는 지하철역 플랫폼에서 깔깔거리며 웃었다. 그녀는 인디 밴드의 보컬이었고, 그 날은 공연장을 섭외하느라 이곳 저곳 돌아다니는 중이라고 했다. 한 달을 살아보러 파리에 왔다고 하는 나에게 정말 멋있다며 나의 여행을 진심으로 응원하겠다고 행운을 빌어줬다. 파리에서 만난 첫 친구 크리스테바. 초면에 Fucking Heavy라는 단어를 서슴없이 말할 정도로 직설적이고 솔직한 그녀. 하지만 나는 그 말에서 국경을 초월한 '정'을 선물 받았다. 마치 '오다 주웠다'며 목걸이를 던져 주는 우리네 경상도 아버지 같다고 할까.

고작 한 달 살아본 바로 그들에 대해 감히 이야기할 수 있다면 이렇게 말하겠다. 프랑스인은 다혈질 기질이 있지만, 정이 많고, 솔직하며, 게다가 영어도 생각 보다 잘한다고 말이다.

어느

작은

재즈바
에서

대학가에는 특유의 감성이 있기 마련이다. 홍대나 신촌, 건대 앞에 가면 젊음에서 뿜어져 나오는 열기가 느껴지듯이 파리 소르본 대학가도 예외가 아니다. 소르본대학과 파리 시민이 가장 사랑하는 공원이라는 룩셈부르크 공원 일대를 현지에서는 까르띠에 라땡이라고 부른다. 발길 닿는 대로 가도 만나는 모든 길이 아름다운 파리지만 나는 파리에서 까르띠에 라땡이 가장 좋았다. 골목골목마다 특색 있는 중고 서점이 즐비해 있고, 한 길 건너 한 길에 예술영화관이 숨어 있는 곳. 낮에는 학구적인 분위기가 지배적이지만 밤이 되면 말랑한 감성이 솟아나는 곳. 내가 만일 파리에 6개월 이상 체류하게 된다면 꼭 터를 잡고 살아 보고 싶다고 생각한 곳이 바로 까르띠에 라땡이다.

낮에 센 강이나 미술관이나 관광지에 다녀오면 저녁엔 자주 까르띠에 라땡을 돌아다녔다. 마카롱이나 빵을 하나 사 들고 걸어 다니며 먹고, 공원에 잠시 앉아서 음악을 듣다가, 목적 없이 슬렁슬렁 걷다 보면, 밤이 되어서야 빛나는 작은 바가 눈에 띈다. 그중에 한 곳이 '카페 유니베흐셀'이다. 매일 재즈 밴드가 공연하는 아주 작은 재즈 클럽. 공연의 수준이 어마어마한 건 아니지만 입장료도 없고 분위기가 가족적이어서 심심한 밤을 흥겨움으로 채우기엔 그만인 장소다.

쭈뼛거리며 가게에 발을 들여놓자마자 느낌이 왔다. 이곳에서 분명 즐거운 일이 펼쳐지리라. 작은 클럽을 메우고 있는 세월의 흔적들, 리허설하며 호흡을 맞춰보는 밴드, 이질감 없이 나를 반겨주는 스텝들. 서울의 어떤 바에 들어가서도 느껴보지 못한 편안함이 나를 덮쳤다. 한 자리 차지하자마자 다른 손님들이 서슴없이 합석을 제안한다. 그러나 술집에서 흔히 하는 '부킹'과는 거리가 멀다. 나에게 함께 앉자고 제안한 이들은 지긋이 나이가 든 아저씨와 아줌마다. '나이 든다면 저렇게 늙고 싶다'는 생각이 절로 들 만큼 멋진 중년들. 자신에게 어울리는 옷을 입고 섬세한 감성과 멋있는 철학을 가진 어른들이 나를 반겨주었다.

우체국에서 오랜 세월 근무하면서 직장인 밴드에서 보컬을 맡고 있다는 크리스티앙과, 취미로 베이스를 연주하느라 저녁엔 항상 악기를 가지고 다닌다는 파스칼, 재즈에 조예가 깊은 데다 옷까지 잘 입어서 나를 감탄하게 한 사하. 이들은 세대도 인종도 국가도 다른 나를 '리리!' 라고

부르며 쉴 새 없이 말을 걸어주었다. 모두에게 외국어인 영어로 손짓 발짓, 종이와 펜의 도움을 받아 대화하지만 웃음은 끊이질 않았고, 서로에 대해 알아가는 데 걸림돌이 되는 것은 없었다. 우리는 그 흔한 전화번호와 메일도 교환하지 않은 채, 아는 건 얼굴과 이름뿐인 채로, 일주일 후 같은 자리에서 다시 만나기로 약속했다.

일주일이 지났고, 외출 준비를 하면서 나는 솔직히 조금 망설였다. '과연 그들이 오늘 약속을 기억할까? 술집에서 놀다가 주고받은 가벼운 약속이었을 뿐인데. 행여 바에 갔을 때 나만 나온 거면 어떡할까.' 닥치지도 않은 일을 상상하다가 허탈함이 몰려와 지레 겁을 먹었다. 그러나 자신을 다독였다. 어떤 상황에서도 내가 먼저 도망가지는 말자고. 그들이 약속을 지키거나 잊는 것은 그들의 몫이고 나는 내 몫을 다 하면 된다고.

약속한 시각이 됐다. 기대감과 호기심을 가지고 '카페 유

니베흐셀'의 문을 열었다. 지난주와 같은 자리에 파스칼이 앉아 있었다. 그를 보는 순간 눈물이 왈칵 나왔다. 먼 곳에 와서 친구를 사귀고, 다시 만날 약속을 하고, 그 약속을 지키게 될 줄이야. 나에겐 두 번째 만남이 매우 큰 선물이었다. 잠시 후 크리스티앙, 마지막으로 사하까지 도착했을 때 나는 진심으로 감동했다. 두 번째 만난 우리는 진짜 '친구'였다.

음악과 샴페인과 두 번째 만나는 좋은 친구들이 한데 어우러진 밤에 나는 계속 눈물을 글썽일 수밖에 없었다. 크리스티앙과 나는 각각 불어와 한국어로 서로에게 편지를 썼는데, 크리스티앙의 편지에는 '한국에 돌아가서도 멋지게 살아. 너는 그럴만한 자격이 있는 사람이니까'라는 뭉클한 응원이 담겨 있었다.

우리 넷이 다시 만날 날이 올지는 모르겠지만, '카페 유니베흐셀'에서 만난 나이든 세 친구의 따뜻한 마음을 나는 오래도록 잊지 못할 것이다.

끝도 없이 펼쳐진 그림을 바라본다. 아마 1년 동안 매일 와야 여기 있는 작품을 전부 들여다볼 수 있을 거야. 루브르 박물관의 거대한 드농관 복도에서 심호흡을 하며 그림 앞으로 다가선다. 오, 이건 책에서 본 그림이네. 작가가 누구더라.

"이런, 오늘은 관광객이 너무 많아!"
누군가 내 옆에 다가와 대뜸 영어로 말을 건다. 놀라서 돌아보니 웬 할아버지 한 분이 서 있다. 관광객이 이렇게 많을 땐 그림을 제대로 볼 수 없다며 투정을 부린다. 유창한 영어 실력이지만 억양으로 보아하니 영어권 출신은 아닌 듯하다.

"한국 사람이에요?"
"네, 어떻게 아셨어요?"
"딱 보면 알아요. 나는 한국인과 일본인, 중국인을 구별할 줄 알거든요. 나는 파리 사람이에요."

관광객이 많다고 투덜거리시는 분이 왜 관광객인 나에게 말을 거는 걸까 의아했지만 나도 모르게 할아버지의 말에 일일이 대꾸를 하고 있다. 한두 마디 대꾸는 대화가 되어간다. 그러더니 이내 그는 나를 당황시켰다.

"박찬욱, 김기덕, 봉준호, 홍상수!"
"엥? 그 사람들을 아세요?"

"유명한 영화감독이잖아요. 저는 한국 영화 팬이에요."

한류가 유럽까지 갔다고 하지만 70세는 족히 넘어 보이는 할아버지가 한국 영화감독의 이름을 줄줄 읊다니. 나는 적지 않게 충격을 받았다. 하지만 놀라기는 이르다. 그는 김영하, 박경리, 박완서라고 말하더니 그들의 대표작까지 늘어놓기 시작했다. 그렇게 시작된 할아버지의 한국 이야기는 드농관에 걸린 그림처럼 끝이 없이 이어졌다. 기어이 나를 복도 중앙에 있는 의자에 앉히고는 한국에 대해 궁금했던 것을 질문한다. 조선 시대 수도가 한양이었다고 들었다며 그 위치가 현재의 서울이 맞느냐, 한국 대통령은 총 몇 명이 있었냐, 나중엔 신라 시대 여왕 이야기까지 나온다.

"한국에 대해 저보다 더 많이 아시는 것 같아요!"

그가 가방에서 뭔가를 꺼내 보여준다. 불어로 쓰인 책인데 Coree로 시작하는 것으로 보아 한국에 관한 책이다. 그는 이 안에 한국의 역사와 문화가 자세히 들어 있다며 자랑스럽게 책을 펼쳐 보인다. 이 책 말고도 수년 동안 한국에 대한 많은 책을 읽었다고. 한국은 대단한 나라이고 문화가 풍요로운 나라라고 말했다.

정말 신기한 일이었다. 바다 건너 자디작은 한국이라는 나라에 이 사람은 어떻게 이렇게 관심이 많은 건지, 그리고 그 신기한 사람이 나와 어떻게 만난 건지, 모든 게 불가사의하다. 혹시 이 사람은 인류학자인 걸까.

"할아버지 혹시 교수님이세요?"
"아니, 저는 약사예요."

뜻밖의 직업에 놀라던 차, 할아버지는 귀여운 표정을 하고 자랑을 시작한다.

"프랑스에서 약사는 좋은 직업이에요."
"하하. 할아버지 그건 한국에서도 마찬가지예요. 아마 전 세계 어디를 가도 약사는 좋은 직업일 거예요."
머쓱한 표정으로 어깨를 한 번 으쓱하더니 내가 들고 있던

수첩에 파리에서 꼭 가야 할 장소를 적어준다. 오랑주리, 오르세, 피카소, 로댕 미술관을 쓰고는 언제가 휴일이고 몇 시에 가야 하는지도 알려준다. 멋진 작품이니 꼭 봐야 한다면서. 알겠다고 약속을 하고는 한국에도 한번 오라고 했다. 내가 안내를 해줄 테니 한국 오면 연락하라고.

"나는 한국어를 못해요. 그래서 한국에 가는 게 겁나요."
한국을 그토록 사랑하면서 한국에 오는 것은 겁이 나다니, 왠지 안타까운 마음이 들었다. 한국은 관광객을 위한 영어 표지판도 잘 되어 있고, 서울은 정비가 잘 된 도시라 걱정할 것 없다고 말씀을 드렸다. 하지만 할아버지의 대답은 나를 슬프게 했다.

"사실 그렇게 멀리 가기엔 나는 너무 늙었어. 책으로 보는 것에 만족해야지."

한국 영화와 문학에 대해 말할 땐 소년처럼 반짝이는 눈을 보였지만, 비행기로 열 시간이 넘는 물리적 거리 앞에서 그는 다시 할아버지가 되었다. 온통 관심이 쏠린 곳에 직접 갈 수 없다는 건 어떤 기분일까. 외국에 가보고 싶다고 노래를 부르다가 미처 그 꿈을 이루기 전에 돌아가신 외할머니가 생각나 마음 한구석이 체한 듯 묵직했다.

작별 인사를 하기 위해 일어섰다. 시계를 보니 한 시간이 훌쩍 넘었다. 그는 나를 살며시 포옹하며 프랑스식 인사를 건넸다. 영화에서나 보던 볼 주변 쪽쪽 제스츄어 말이다. 익숙하지 않아 흠칫 놀랐지만, 문화 체험이려니 하고 좋게 생각하기로 했다. 서로의 '굿럭'을 빌어주고 우리는 반대 방향으로 걸었다.

다시 복도에 걸린 그림을 바라보는데 기분이 묘하다. 우연히 루브르 박물관 복도에서 만난 할아버지와 한 시간 넘게 한국에 대해 이야기를 하게 되다니, 이번 파리 여행은 정말 예측불허구나. 무계획 속의 서프라이즈가 하루를 더욱 풍요롭게 했다.

고추장 밥과 까르보나라

주방에서 요리하고 있는데 숙소 호스트인 버프가 들어왔다.

"버프, 저 지금 저녁 준비할 건데, 2인분 만들까요?"

"아니에요. 나는 직접 만들어 먹을게요."

버프는 내게 한국 음식을 먹어야 하지 않냐며, '김치', '찌개' 등의 한국말을 어색하게 따라 했지만, 한식을 해 먹고 싶은 생각이 별로 안 들었다. 나는 사다 놓은 파스타를 삶고, 양파와 베이컨을 볶아 크림소스를 곁들여 까르보나라를 만들었다.

그는 점심에 준비해 둔 음식이 있다며 냄비에서 뭔가를 떠서 접시에 담았다. 잠시 후 우리는 빨간 식탁보가 씌워진 긴 식탁에 각자의 음식을 들고 마주 앉았다.

버프의 접시에 있는 것은 다름 아닌 쌀밥이 아닌가. 냄비에 쌀을 삶아서 식힌 후 접시에 떠서 그 위에 튜브 고추장

을 뿌린 모양이었다. 반찬이라고 할 만한 건 즉석에서 씻어서 자른 생오이 하나. 그러니까 식은 밥에 고추장을 비벼 오이랑 같이 먹고 있다. 소박한 한식에 나는 깜짝 놀랐지만, 이내 내 접시를 들여다봤다. 혹시 나의 까르보나라도 버프 눈엔 고추장 밥처럼 허접해 보이는 게 아닐까? 잠시 후 버프가 말했다.
"릴리 식사를 얻어먹을 걸 그랬어. 그 파스타 진짜 맛있어 보인다."

한 식탁에 앉아 함께 밥을 먹는데, 프랑스인은 한식을 먹고 한국인은 파스타를 먹고 있는 이 장면, 참 아이러니하다. 학창시절 교과서에나 나올 법한 '지구촌 한 가족'이라는 단어가 현실이 되어 와닿는 순간이다. 지구촌 식구가 된 버프와 나는 후식으로 그가 사 온 파인애플과 나의 딸기를 공유하며, 서로에게 외국어인 영어를 사용해 밤이 늦도록 이야기꽃을 피웠다.

아이폰 키다리 아저씨

내 목숨 다음으로 소중한, 아니 목숨 다음 여권 다음으로 소중한 아이폰이 말썽을 일으켰다. 제멋대로 전원이 꺼졌다 켜지기를 반복하더니 급기야 완전히 사망했다. 지도이자 일기장이고, 카메라고 MP3인 아이폰이 고장 나다니! 최악의 상황이다. 여행이 절반밖에 지나지 않았는데 나머지 보름은 어떡하지?

다행히 순발력을 발휘해 대안을 찾았다. '프랑스존'이라는 교민 사이트에서 중고 핸드폰을 발견한 것이다. 아이폰 4s를 파는 사람이 있었다. 쪽지를 보내 바로 그 날 저녁 만나기로 했다.

처음 가보는 동네였다. 맥도날드 앞에서 만나기로 했는데 내가 먼저 도착했는지 한국인은 보이지 않았다. 이 방향 저 방향 둘러보며 서성이는데 저 멀리 키가 아주 큰 남자가 걸어오는 게 보였다. 손에 작은 쇼핑백을 들고 있는 걸 보아하니 저 사람이 분명하다! 아이폰을 박스째 들고 온 그에게 준비한 120유로를 현금으로 건넸다. 빵을 공부하러 프랑스에 왔다가 정착해서 10년째 살고 있다는 그는 친절하게 아이폰 전원을 켜고 상태를 설명해 주었다. 오랜만에 듣는 한국어라 그런지 따스함이 마음에 차올랐다.

배에서 꼬르륵 소리가 났다. 스마트폰을 서둘러 구해야 했던 터라 저녁을 챙겨 먹지 못했기 때문이다. 마침 맥도날드에 왔으니 햄버거를 사려고 했지만, 주문 방식이 한국과 달랐다. 식권을 구매하는 자판기에서 주문해야 하는데 처음 보는 기계라 내겐 낯설었다. 내가 당황한 걸 눈치챘는지 집에 돌아가려던 그가 도움의 손길을 내밀었다. 뭘 먹고 싶은지, 사이드 메뉴도 추가할건지 물으면서 불어로 척척 주문을 넣는다.

계산 단계가 되어 신용카드를 내밀었다. 그런데 아뿔싸. 이유는 모르지만, 맥도날드 기계가 내 신용카드를 계속 거절하는 게 아닌가. 당황한 나는 주머니를 뒤지며 허둥지둥했다. 현금은 아까 핸드폰 거래하면서 그에게 준 120유로가 전부였는데 카드는 먹통이고, 망했다. 햄버거를 포기해야겠다며 주문을 취소해 달라고 그에게 말했다.

트레이닝복 입고 핸드폰 사러 나와 돈 없어서 햄버거도 못 사 먹는 내가 안쓰러웠던 걸까. 그가 갑자기 내게 받은 120유로에서 11유로를 꺼내 자판기에 집어넣는다. 아니라고 받을 수 없다고 손사래 치는 나를 뒤로하고, 괜찮다고 말해주며 그는 기어이 햄버거 세트 하나를 내 손에 쥐여 주었다. 이내 햄버거보다 더 고마운 인정을 건넨다.

"여행객이잖아요. 여행하는 사람은 잘 먹고 다녀야 해요. 이번 여행 열심히 하라고 제가 밥 한 끼 사드리는 거니까 맛있게 드세요."

중고 거래에서는 만 원, 이만 원이 꽤 큰돈이다. 아니 단 돈 천원이라도 그 날 처음 본 사람에게 조건 없이 건네는 건 쉬운 일이 아니다. 그런데 그는 처음 만난 여행객에게 만 오천 원 가까이 하는 햄버거 세트를 사 주었다. 내가 그에

게 선물 받은 건 단순한 햄버거가 아니라 따뜻한 위로였다. 바라는 것 하나 없는 천사 같은 표정으로 그가 내게 햄버거를 건넸을 때, 내 눈에 그는 소설 속 '키다리 아저씨'였다.

집에 돌아와 어렵게 구한 햄버거를 먹는데 가슴이 뭉클해 눈물이 울컥 쏟아졌다. 핸드폰이 고장 나서 키다리 아저씨를 만났고 그에게 아이폰보다 값진 진심을 선물 받았다. 아이폰 고장조차 행운이 되었다. 구형 아이폰을 바라보며 또 한 번 다짐했다. 파리에서 최선을 다해 행복하고 내가 얻은 행복을 다른 사람에게 나누어 주겠다고.

이민자들의 가게

9시가 넘어가면 파리의 식당은 하나둘 문을 닫는다. 시내엔 늦은 시간까지 영업하는 술집이 있지만, 동네의 밤은 말 그대로 고요하고 거룩하다. 24시간 문 여는 편의점 하나 없다는 것이 한국인인 나에겐 꽤 생소한 풍경이다. 밤에 장사하지 않는다는 것은 여가를 소중히 여기는 프랑스 사람들의 특징을 잘 보여준다.

온통 까만 골목길 중간에 불 켜진 가게가 두 군데 있다. 한 가게는 베트남 익스프레스. 베트남 음식을 뷔페식으로 진열해놓고 주문하면 포장해주는 가게다. 또 한 가게는 인디안 패스트푸드로, 인도식 빵인 난 속에 햄버거 패티나 너겟 등을 넣어 퓨전 샌드위치를 만들어 판다. 일하고 있는 사람이 베트남 사람과 인도 사람인 걸 보아 자국의 음식을 파는 가게를 낸 모양이다.

딸랑, 종소리가 나는 문을 밀고 베트남 익스프레스로 들어갔다. 안녕하세요, 활기찬 인사와 함께 나를 반기는 익숙한 풍경. 사장님으로 보이는 엄마와 중학생쯤 된 첫째 아들, 소녀티가 나는 둘째 딸, 아직 어린 막내아들 삼 남매가 일제히 나를 바라본다. 그 순간 나는, 처음 방문하는 곳에 갈 때 으레 마중물로 가져가는 긴장이 마음에서 툭 떨어져 나가는 것을 느꼈다. 마치 고향의 단골 식당에 들어간 것처럼 친근한 감정이 나를 감쌌다.

볶음밥과 소고기 조림, 칠리새우, 월남쌈을 주문하고 식당에 마련된 간이 테이블에 앉는다. 양념이 강한 음식이니 포장보다는 여기서 먹고 가는 게 좋겠지. 음식을 기다리며 찬찬히 가게를 둘러본다. 기특한 중학생 아들이 행주를 들고 테이블이며 뷔페 진열대를 열심히 닦는다. 딸아이는 엄마 옆에서 음식 준비를 돕는다. 내가 먹을 음식을 진열대에서 꺼내 전자레인지에 돌리는 중이다. 그 와중에 대여섯 살 되어 보이는 귀여운 막내는 나를 관찰하는 재미에 빠졌다. 기둥에 숨었다가 빼꼼 눈을 빼 나를 바라보다 눈이 마주치면 다시 기둥으로 숨는다. 그 모습이 예뻐서 웃어줬더니 저도 따라 배시시 웃으며 조금씩 내게 거리를 좁혀 다가온다.

새콤달콤한 풍미의 볶음밥이 나오고, 콜라 하나를 곁들여 먹으니 세상에 없는 꿀맛이다. 한 접시를 순식간에 비워버렸다. 그 사이 막내는 내 테이블까지 진출해 맞은편 의자에 앉았다. 나는 월남쌈을 가리키며 '하나 먹을래?' 하는 표정을 지어 보였다. 귀염둥이는 입이 쩍 벌어져 배시시 웃는다. 하지만 그 모습을 엄마에게 들키고 말았다. 엄마는 베트남어로 아이를 꾸짖으며 카운터로 데리고 갔다. 아마

'손님 앞에서 그러면 못 써' 정도의 이야기가 아니었을까.

늦은 밤 베트남 익스프레스에서 밥을 먹으면서, 파리 사람들이 풍기는 분위기와는 다른 뭔가를 느꼈다. 혹시 이건 동양 특유의 정서인 걸까. 처음 들린 가게, 처음 보는 사장님과 아이들이었지만 매일 본 사람들처럼 익숙한 느낌이다.

일주일이 지나고 인디언 패스트푸드점엘 갔다. 세 명의 인도계 남자가 일하고 있었다. 인사는 힘차게 했지만, 나랑 어떻게 대화할지 걱정이 됐는지 그 세 명의 젊은 남자는 킥킥대면서 서로 팔꿈치를 치며 주문을 받으라고 티격태격했다. 그런데 그 모습이 꼭 코미디 영화의 한 장면 같았다. '세 얼간이'에 나오는 주인공들 같기도 하고.

나는 고기 패티, 치즈, 토마토, 양상추가 들어간 난을 주문했다. 일종의 치즈버거인데 햄버거 빵이 난으로 바뀐 것이다. 결국, 셋 중에 영어를 그나마 잘하는 직원이 주문을 받았는데, 주문을 하는 나도, 주문을 받는 그도, 한마디 할 때마다 웃음이 터져서는 손발을 다 동원해 겨우 치즈버거 난에 대한 협상(?)을 마쳤다. 그러더니 자기들끼리 옆구리를 쑤시며 '네가 영어 더 잘하니까 네가 물어봐', '네가 물어봐' 하며 중학생 남자애들처럼 또다시 티격태격한다. 그러더니 대표선수로 지정된 남자가 묻는다.

"어디에서 왔어요?"

내가 어느 나라 사람인지 물어보는 게 뭐 그리 어려운 일이라고. 나는 또박또박 천천히 'SOUTH KOREA'라고 대답했고, 그들은 어린아이들처럼 좋아했다. 영어를 제일 잘한다는 그가 '강남스타일'을 외쳤다. 그는 한국이 좋은 나라라고 했다. 그리고 나더러 똑똑하다고, 대학을 나왔냐고 물었다. 우리는 영어단어를 한 땀 한 땀 이어, 내가 파리를 여행 중이며 한 달을 살아보고 있다는 것에 대해 대화를 했다. 말 한마디 끝나면 인도인 세남자가 까르륵. 한 밤의 패스트푸드점에서 난데없는 순수함을 마주하자 덩달아 기분이 좋아졌다.

포장한 햄버거 봉지를 달랑달랑 흔들며 집에 돌아오는 길, 밤바람을 맞으며 생각에 잠겼다. 비싸고 맛있는 음식을 파는 파리의 레스토랑에서 식사할 때 결코 느낄 수 없는 것을 깜깜한 밤, 불을 밝힌 이민자들의 허름한 가게에서 느낄 수 있었다. 그건 영어 단어에 없다는 '정'이다. 내가 파리를 여행하는 이방인이고, 그들은 파리 사회의 소수자여서일까. 우리는 주변인이기에 서로의 처지를 조금이나마 헤아릴 수 있었다. 그들에 대해 궁금해진다. 그들은 어떤 꿈을 가지고 파리까지 온 걸까? 그들도 나처럼 파리에서 많은 것을 느끼고 고민하고 더 나은 삶을 꿈꾸고 있겠지?

자주 외는 신경림 시인의 시가 떠오르는 밤이다. '가난하다고 해서 외로움을 모르겠는가. 가난하다고 해서 두려움이 없겠는가. 가난하다고 해서 사랑을 모르겠는가.' 파리라는 먼 땅에 와서 행복을 찾으려는 나와 그들이 행복해질 수 있기를 진심으로 바란다.

우리가 공부하는 건 더 많이 웃기 위함이라고, 남편 J가 말한 적이 있다. 그건 학문적으로도 일리가 있는 말이다. 언어와 사고 체계는 긴밀하게 연결되어 있어서 새로운 언어를 배우고 나면 새로운 개념을 이해하게 된다. 언어라는 것은 그물망처럼 사고 체계 안에 구성되어, 바닷물에서 그물로 물고기를 잡아 올리듯, 흘러가는 말 사이에서 개념을 포착할 수 있다고 한다. 공부하면 더 빽빽한 그물을 가지게 될 테고, 그럼 세상만사에서 잡아낼 수 있는 것이 많아질 것이다. 자연스레 웃는 일도 많아지고.

튈리르 공원 앞에 있는 서점에 갔다가 장자끄 쌍뻬의 책을 발견했다. 쌍뻬는 꼬마 니콜라로 유명해진 만화작가이다. 내가 쌍뻬를 아는 것은 몇 달 전 한국에서 쌍뻬 전시회를 갔었고, 그에 대해 공부했기 때문이다. 꿈을 가지고 파리로 상경했던 가난한 청년 상뻬는 어른을 불신하고 아이들을 사랑하는 작가였다고 한다. 그래서 어른은 항상 검은 펜으

로 그린 반면 아이들에겐 알록달록 색깔을 입혔다. 자본에 대한 불신을 포함해 사회 비판적인 시선을 가진 작품도 다수 그렸다. 전시회 관람 이후, 거실 식탁에 커다란 쌍뻬의 포스터를 걸어놓을 만큼 나는 그에게 매료되었다.

상뻬의 책을 파리의 서점에서 만나니 기분이 날아갈 듯 좋았다. 그 책은 쌍뻬가 그린 뉴요커지 표지를 모아놓은 것이었는데, 뉴요커지 표지를 그릴 때가 인생에서 처음으로 어딘가에 소속되어 작업한 것이라고 한다. 그래서 전작들과는 다르게 화려한 채색이 눈에 띄는데, 쌍뻬 자신도 커리어의 터닝포인트가 된 좋은 기억이라고 말한 바 있다.

파리, 서점, 상뻬, 그림책. 단어만 나열해도 낭만이 넘치는 것들 속에서 내가 숨 쉬고 있다니! 책을 계산하고 가슴에 품고 나오는데 책보다 부피가 큰 감동이 가슴께를 짓누른다. 내가 쌍뻬에 대해 알지 못했다면 오늘의 기쁨은 없었을 터. 역시 공부하는 자가 더 많이 웃을 수 있다는 말은 진실이다.

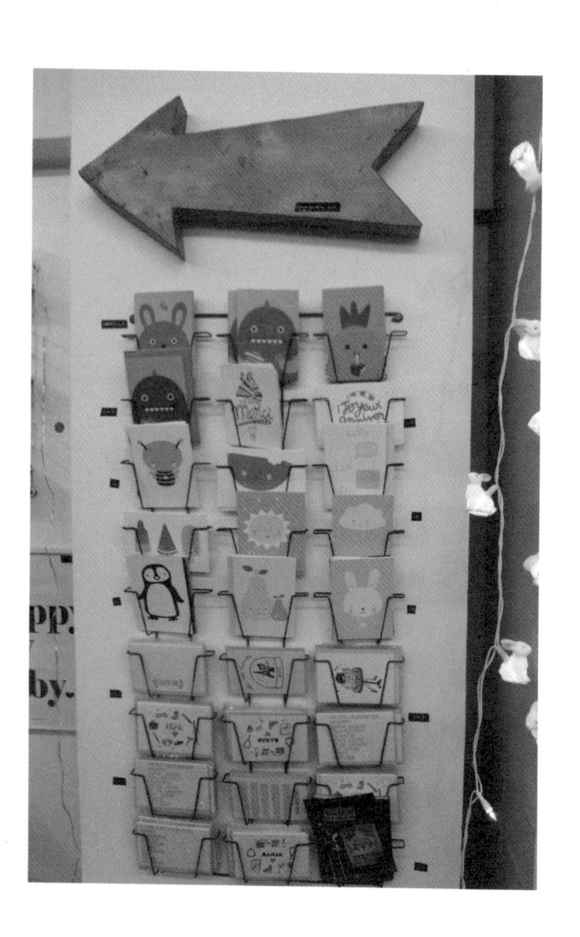
Merci

새로운 뮤즈의 발견

나는 옛날 여자들을 좋아한다. 옛날 여자 중에서도 한 시대를 풍미한 예술가나 지식인 여성에 관심이 많다. 대표적으로는 무용수 이사도라 덩컨, 사상가 시몬 드 보부아르, 〈자기만의 방〉을 쓴 소설가 버지니아 울프 등 1800년 후반에서 1900년 초반에 살았던 지적인 여성들을 흠모한다. 그녀들의 저작이나 자서전을 읽다 보면 나보다 백 년을 먼저 살다간 여성들이 어떻게 그렇게 지적인지 배울 점이 너무 많다는 생각을 하게 된다. 이미 세상을 떠난 사람들이지만 같은 여성으로서 연대의식도 느껴지고 때론 시대를 넘어선 위로를 받기도 한다.

내가 한 달 살기를 파리에서 하기로 한 데에도 사실 그녀들의 영향이 지대하다. 무용수 이사도라 덩컨은 어린 시절에 파리에 건너와 매일 루브르 박물관을 찾아 예술작품을 감상하고 춤을 추며 나날을 보냈다고 전한다. 사상가였던 시몬 드 보부아르와 그의 연인 사르트르도 살았던 곳이기에 파리는 나를 사로잡을 만한 도시였다. 지적인 판타지를 자극하는 장소라고나 할까?

영화 '미드나잇파리'에서처럼 그 시절 예술가와 지식인을 직접 만날 수는 없겠지만, 예술작품을 통해서는 조금이나마 소통할 수 있지 않을까 싶어 아예 박물관을 제집 드나들 듯하고 싶었다. 루브르 박물관은 워낙 규모가 방대하므로 여러 번 방문하고 싶었고, 그 외에도 오랑주리 미술관, 오르세 미술관, 피카소 박물관, 로댕 박물관에 가서 가능한 많은 작품을 접하고 싶었다. '박물관 패스' 2, 4, 6일 권을 끊으면 해당 일수에 맞춰 무제한으로 유명 박물관에 입장할 수 있는데 나는 4일 권을 두 개나 준비해서 거의 2주에 걸쳐 성이 찰 때까지 박물관을 드나들었다.

책에서만 보던 작품을 실제로 만나는 것은 기쁘고 놀라웠다. 오랑주리 미술관에서는 관심을 사로잡는 옛날 여성을 한 명 더 만나게 되었다. 마리 로랑생이라는 여류 화가로, 그림을 보자마자 나는 그녀에게 사로잡혔다.
마리 로랑생은 파블로 피카소가 활동하던 시기에 함께 작품을 남겼던 거의 유일한 여성 작가였다고 한다. 로랑생은 주로 젊은 여성과 동물을 그렸는데 – 당시 여류 작가가 남성 모델을 접할 기회가 없었던 것에서 기인한 결과일 수도 있지만-내게는 이 점이 특히 마음에 들었다. 마리 로랑생의 여성과 동물에 대한 그림은 몽환적이면서 아름답다. 색감도 어찌 그리 세련되게 사용하였는지 거듭 감탄을 하게 된다.

특히 로랑생의 작품 중 유명한 것이 있으니 바로 코코 샤넬의 초상화이다. 당시 샤넬과 로랑생은 친분이 있는 사이로 로랑생에게 샤넬은 자신의 초상화를 부탁하게 된다. 그런데 완성작을 보고는 샤넬이 변심하여 구매하기를 거절했다고 전해진다. 이와 같은 까닭에 로랑생은 샤넬 초상화를 개인 소장하게 됐고 덕분에 지금 오랑주리 미술관에서 코코 샤넬의 초상화를 만날 수 있는 거라고 하니, 현실감 있는 역사에 한 번 웃고 간다.

> "나를 열광 시키는 것은 오직 그림밖에 없으며, 따라서 그림만이 영원토록 나를 괴롭히는 진정한 가치이다." -마리 로랑생

파티에 초대해도 될까요

"토요일에 뭐해요, 릴리?"
"아직 계획 없어요."
"그럼 내가 파티에 초대해도 될까요?"

저녁 먹고 한가롭게 거실에서 인터넷 서핑을 하는데 호스트 버프가 뜻밖의 제안을 했다. 파티라니! 내게도 드디어 이런 날이 오는구나. 나를 초대한 파티는 3월 8일 여성의 날을 기념해 열리는 행사였다. 초대를 받자마자 내 심장은 바운스 바운스, 마음은 이미 파티장에 가 있었다.

"뭘 입고 가야 해요?"
"릴리가 가진 옷 중에 제일 예쁜 옷으로 입어요."

여행길에 오르며 혹시나 해 드레스를 한 벌 챙길까 고민했지만, 설마 파티에 진짜 초대받을 거라곤 생각을 못 해 두고 왔다. 내가 가진 옷 중에 가장 예쁜 옷이라면 목에 프릴이 달린 쉬폰 재질의 롱원피스. 에잇 어쩔 수 없지, 롱원피스를 입고 가자. 그런데 신발도 문제다. 챙겨온 신발은 부츠와 플랫슈즈, 운동화 한 켤레. 평상시라면 롱원피스에 플랫슈즈를 신으면 되겠지만 파티에 가는데 플랫슈즈는 뭔가 아쉽다. 드레스의 소울메이트는 하이힐 아니던가.

토요일, 나는 오전부터 분주했다. 신발 가게를 찾아 부리나케 달려 적당한 구두를 하나 구했다. 트렁크 안에서 잠자고 있던 고대기까지 동원해 머리도 예쁘게 세팅했다. 오랜만에 눈가에 반짝이는 쉐도우도 바른다.

버프와 만나기로 한 오후 6시. 구두를 또각거리며 거실로 나갔다. 여태 내가 본 버프는 후줄근하게 늘어난 티셔츠에 청바지를 입고 집수리하느라 땀을 흘리던 모습이었는데, 파티에 가는 오늘 그는 완전 다른 사람 같다. 위아래로 수트를 빼입고 스카프를 두른 폼새가 영락없는 파리지앵. 젊은이도 쉽게 흉내 낼 수 없는 멋스러움을 휘감은 할아버지의 모습에 파티를 향한 설렘은 배가 된다.

지하철을 두 번 갈아타고 30분 남짓, 우리는 시청역에 도착했다. 그가 시청의 부속 건물에 마련된 행사장으로 나를

안내한다. 양복을 입은 사람들 틈으로 문이 열리고 파티장이 펼쳐졌다. 그런데 파티는 먹고 마시는 보통 파티가 아니라 무도회였다.
사람들의 옷과 구두는 화려했고 향수 냄새가 파티장에 가득했다. 멋을 잔뜩 부린 파리지앵들에 비하면 나의 원피스와 구두는 소박하기 이를 데 없었다. 이럴 줄 알았으면 행사용 드레스를 하나 살 걸 그랬다. 하지만 후회할 새도 없이 우리 앞에 사람들이 몰려왔다.

사람들은 버프 할아버지가 춤의 대가라고 했다. 무도회장에 나온 많은 이들이 버프를 잘 아는 모양이었다. 젊은 여성, 나이든 여성, 중년의 남성들이 차례로 그에게 다가와 인사를 나눴다. 덕분에 나도 많은 사람과 대화를 나눌 수 있었다. 그들은 마음이 활짝 열려있었고, 간단한 음식과 음료를 권하며 내게 서슴없이 다가와 주었다.

잠시 후 음악이 울려 퍼지고, 사람들은 하나둘 짝을 찾아 춤을 추기 시작했다. 영화에서 보던 바로 그 풍경이었다. '저와 함께 추시겠어요?' 손을 내밀면 제안에 응하고, 부드러운 음악에 몸을 맡긴다. 모니터 밖에서 이런 장면을 보기는 처음인 나만 어안이 벙벙해 가장자리에 앉아 있었다. 버프는 내게, '잠시 후 릴리에게도 제안이 올 거야', 라고 말한 뒤 홀연히 춤을 추러 떠났다.

거대한 춤의 물결이 넘실거리는 것을 바라본 지 5분 정도 지났을까. 버프의 친구라던 멋있는 프랑스 언니가 내게 와서 춤을 권한다. 처음 추는 거라 남자보단 여자가 편할 것 같아서 순순히 그녀에게 내 손을 맡겼다. 한 스텝, 한 스텝, 춤을 전혀 모르는 나를 친절하게 리드하는 그녀, 키가 180이나 되어 보이는 그녀는 말 그대로 '걸크러쉬'.
'언니, 저를 구해줘서 고맙습니다'

신기하게도 몸을 움직여 땀이 나면 긴장은 저절로 휘발된다. 그렇게 삼십 분이 흐르자 나는 무도회의 일원이 되었다. 흘러나오는 음악에 몸을 맡기고 어설프지만 리듬을 탄다. 버프와도 한 번 추고, 함께 춤추기를 원하는 사람이 있으면 또 한 번 추면서, 춤의 세계에 조금씩 빨려 들어간다.

이 사람들은 대체 언제부터 춤을 춘 걸까? 실력이 대단하다. 체구가 작은 데다 옷도 평범하게 입었고 춤도 못 추는 나를 보고, 아마 이들은 할아버지 따라온 손녀딸 정도로 생각할 것 같다. 그러면 어떠랴, 내 평생 무도회에 올 일이 또 있겠어? 늘어진 샹들리에와 번지는 불빛 아래, 나는 다시없을 낭만의 시간을 만끽했다.

특별한 우정

파리에서 내가 머문 스튜디오에는 다른 게스트들과 공유하는 거실이 있었다. 심심할 때 거실에 나가서 책을 읽거나 노트북을 하다보면 다른 게스트와 어울릴 기회가 생긴다. 하루 이틀 머물다가는 여행자들과는 가벼운 인사를 하고 파리 여행정보를 나누는 정도였는데, 단 한 사람과는 특별한 친구가 되었다.

그의 이름은 호세. 미국 캘리포니아 출신의 중년 아저씨다. 어느 날 저녁 군것질을 하기 위해 거실에 나온 호세가 책 읽던 내게 말을 걸었다. 간단한 통성명을 한 뒤 다시 책을 읽으려는데 호세가 아예 테이블에 자리를 잡고 앉았다. 파리에 어떻게 오게 됐는지, 얼마나 있을 예정인지 이야기하다가 우리의 대화 주제는 여행으로 흘러갔다.

호세는 전 세계에 안 가본 나가라 별로 없을 정도로 여행 마니아였다. 나도 여행은 꽤 좋아하지만, 나보다 삼십 년 더 산 베테랑 여행가 앞에서는 할 얘기보단 들을 얘기가

더 많았다. 그는 아프리카 일주, 남미 일주 등 일생에 걸쳐 여행했던 곳에 관해 이야기를 했다. 고무적인 것은 그가 직업을 여행으로 하는 사람이 아니라 평범한 직장생활을 하는 가운데 짬을 내서 여행해 왔다는 거였다. 그는 진정 나의 롤모델이었다.

금세 가까워진 우리는 거실에서 마주칠 때마다 흥미진진한 대화를 했다. 이야기는 세계사, 정치, 경제, 문화 모든 분야를 아우르며 산불처럼 번져나갔고, 호세와의 대화는 정말 즐거웠다. 그는 '꼰대'처럼 가르치려는 사람이 아니라 상대방과 대화하는 사람이었다. 우리는 트럼프 문제에 이어 한국 대통령 탄핵 사건에 이르기까지, 국경 없는 토론을 이어갔다. 그는 멀리 물 건너와 한 달이나 파리에 사는 내게도 궁금한 것이 많은지 사적인 부분에 대해서도 이것저것 물어보곤 했다.
호세에겐 사람의 마음을 여는 신기한 재주가 있어서, 나는 좀처럼 하지 않는 신세 한탄을 하는 지경에 이르렀다.

"저는 뭐든 열심히 하는 사람이에요. 여태껏 게으르게 살아 본 적이 없어요. 그런데 문제는, 아무리 열심히 살아도 가끔 희망이 없는 것처럼 느껴질 때가 있다는 거죠. 부모님의 뒷바라지로 남부럽지 않게 공부했고, 괜찮은 직장을 다니고 있지만, 저와 남편은 아직 연금을 들지 않아요. 미래를 생각할 여유가 없거든요. 현재를 사는 것도 벅차요."
와인 한잔에 알딸딸해진 내가 철부지 막내딸 같은 불평을 늘어놓으면, 호세는 충분히 이해가 간다는 얼굴로 끄덕였다. 나는 계속 말했다.

"어른들은 우리 세대가 너무 소비를 많이 한다고 말해요. 매 끼니 맛있는 걸 찾아다니며 먹는 것도 사치라고 말이에요. 하지만 솔직히 말해볼까요? 저희가 왜 맛있는 거에 집착하는 줄 아세요? 우리가 부릴 수 있는 사치는 그 정도거든요. 적금해도 밑 빠진 독에 물 붓는 기분이에요. 서울 시내 아파트를 사려면 몇억이 훌쩍 넘어가는데 그 돈을 어느 세월에 모아 집을 사겠어요? 노후는 생각도 할 수 없어요. 당장 몇 년 후 미래만 생각해도 앞이 캄캄한걸요. 우스갯소리로 우리 세대엔 폐지 줍는 것도 경쟁률 100:1 되는 게 아니냐는 말도 있다니까요. 그러니까 맛있는 거나 먹으며 불안한 미래를 애써 잊어버리는 거예요."

사실 정말 어렵게 사는 사람들에 비하면 나의 투정은 배부른 어리광에 불과하다는 것을 안다. 하지만 대한민국 청년의 한 사람으로서 현실은 버겁고 미래는 두려운 것이 솔직한 심정이다. 모처럼 만난 여유 있는 '어른' 앞에서 진심이 터져버리고 말았다. 그런데 호세에게 의외의 대답이 돌아왔다.
"맞아. 네 말이 다 맞아. 내 자식들도 모두 너처럼 말한단다. 우리는 환경이 좋은 캘리포니아에 살고 있고, 평생 성공적인 직장생활을 해서 자녀들을 열심히 키웠지. 자식들은 좋은 교육을 받았고 괜찮은 직장에 다녀. 너희 부부처럼. 하지만 삼 남매 모두 아직 집이 없는 데다, 영원히 집을 못 살 거라고 말하곤 해. 네 얘길 들어보니 이 문제는 미국만의 문제가 아니라 아마 전 지구적 현상인가 보구나."

호세의 삼 남매가 모두 나 같다는 말을 듣자, 호세의 얼굴에 우리 아빠 얼굴이 겹쳐 보였다. 그런데 진지한 이야기 중에 호세가 나를 웃겼다.

"자녀 계획은 없니?"
"네, 저랑 남편은 아직 아이를 낳을 준비가 안 됐어요. 특히 남편이 아이 낳는 걸 반대해요."
"NOT YET. (아직은 그렇겠지)"

정치적으로도 진보적인 성향에 인생 가치관도 젊어서 이제껏 어떤 대화를 해도 잘 통하던 호세였는데, 아이를 낳고 싶지 않다는 말이 끝나기 무섭게 어쩔 수 없이 '아빠' 같은 말을 하고 말았다. '아직은 그렇겠지. 나중엔 분명 낳고 싶을 거야'라니! 정말이지 우리 아빠 같아서 나는 큰 소리로 웃고 말았다. 하하.
"호세, 완전 우리 아빠 같아요."
"너도 내 자식 같다니까."

나와 호세는 인종과 국가를 초월해 서로에게서 가족의 모습을 보았다. 그래서일까, 파리에서 나는 하나도 외롭지 않았다. 호세 같은 사람이 한 공간에 머물고 있다는 사실 하나로도 마음이 든든했다. 호세는 유럽 여행을 하기 위해 나보다 일주일 빨리 스튜디오를 떠났다. 언젠가 다시 만날 때까지 호세도 나도, 그리고 호세의 자녀들과 우리 아빠까지 모두가 안녕하기를!

인생
또한

그렇
단다

'파리에서 한 달을 살아보자.'

손을 뻗어도 잡을 수 없는, 먼 하늘에 반짝이는 별 같이 아득한 꿈을 꾸었다. 두 발을 버둥대며 별을 잡겠다 애썼더니 어느새 나는 파리에 와 있었고, 시간은 밤하늘의 구름처럼 흘러갔다. 눈을 뜨면 이 행복이 한여름 밤의 꿈처럼 흩어질까봐 자꾸만 눈을 질끈 감았다. 파리에서의 한 달은 그렇게 아리도록 달콤하게 지나갔다.

파리에서 보내는 마지막 밤, 버프와 나는 어두운 식탁에 마주 앉았다. 와인 한 병과 부르고뉴식 홍합찜이 우리의 작별인사를 위로했다. 마치 처음 만난 날처럼 우리 사이엔 침묵이 감돌았지만, 이별하는 날의 공기에는 많은 이야기가 담겨 있기에 조용해도 적막하진 않았다. 한참 동안 묵묵히 포크로 홍합을 떠먹다 내가 입을 열었다.

"처음 파리에 왔을 때 한 달이라는 시간이 무척 길다고 생각했어요. 뭘 하면서 지내면 좋을까. 외롭지는 않을까. 중간에 집에 가고 싶어지지는 않을까. 그런데 정신 차려보니 한 달이 벌써 지났네요. 이렇게 빨리 지나갈 줄 알았으면 하루하루를 조금 더 열심히 즐길걸."

버프가 천천히 와인을 한 모금 마시더니 이렇게 말했다.

"인생도 그렇단다. 릴리는 아직 젊어서 잘 모르겠지만 말이야. 그러니까 파리에서 한 달을 보낸 마음으로 젊은 시절을 즐기길 바란다. 너의 인생을 응원할게."

울컥. 그의 말에 참았던 감정이 터지고 말았다. 파리에 도착한 날부터 다시 떠나는 날까지 눈물이 마를 새가 없다. 행복해서 흘리는 눈물 반, 감동해서 흘리는 눈물 반. 버프는 작별의 포옹을 하며 '너는 정말 좋은 사람이야'라고 속삭이며 내 등을 토닥여주었다. 보이지 않지만, 그의 눈시울도 붉어져 있다는 걸 알 수 있었다.
폰으로 게임을 하다보면 빨간 하트가 목숨 대신 쌓이고 줄어든다. 파리에서 보낸 한 달 동안 내 안에는 진심으로 색칠된 새빨간 하트가 수만 개 쌓였다. 소중한 인연들에 받은 사랑과 격려가 얼마나 큰지 남은 평생 힘든 일이 있을 때마다 꺼내 써도 죽을 때까지 다 쓰지 못할 것이다. 파리에서의 한 달은 내게 일상을 다시 살아갈 힘을 주었다. 이제 나는 한국에 돌아가지만, 어깨에 든든한 양식을 주렁주렁 매달고 가니 걱정이 없다. 앞으로 내 삶은 더욱 빛나는 일들로 채워질 것이다.

좋은 사람과 넘치는 낭만으로 가득했던 파리, 안녕.
그리고 다시 오지 않을 서른의 찬란한 봄도, 안녕.

권태로운
일상과

잠깐의
헤어짐

여행의 좋은 점 중 하나는 일상이 소중하게 다가온다는 데 있다. 여행할 때처럼 두리번거리지 않아도 나는 안전하고, 내 차를 타고 익숙한 거리를 누빌 수 있고, 지도를 펼쳐보지 않아도 근사한 커피를 파는 카페에 다다를 수 있다.
또한 '집에 돌아와서 좋다–'는 느낌이 들게 된다.

여행은 권태로움을 느끼는 일상과 잠깐의 헤어짐을 가지는 것과 같다. 평소엔 떠나고 싶다고 입버릇처럼 발했을지라도 멀리 갔다 돌아와 보면 알게 된다. 내가 얼마나 내 삶을 사랑하고 있었는지, 이 침대가 얼마나 편하고 내 집이 얼마나 아기자기하며, 내 일이 나를 어떻게 활력 있는 사람으로 만드는지.
우리 동네 벚꽃이 파리의 장미만큼이나 예쁘다는 것을.
코끝에 스치는 바람도 사랑스러운 오늘이다.

에필로그

파리, 한 달. 어쩌면 누군가에겐 그리 어려운 일이 아닐지도 모르겠습니다. 파리에서 한 달 살기가 제게 큰 도전으로 다가온 것은, 제가 지극히 평범한 사람이기 때문이 아닐까 생각합니다.

인생에는 다 때가 있다고 합니다. 우리 사회에서 '방황'이 허락되는 때는 아마 20대 초중반까지인 것 같습니다. 서른이 넘어버린 저는, 커리어를 쌓고 결혼을 하고 아이를 낳으며 '어른'답게 살아야 할 시기를 보내고 있습니다. 그런 제게 한 달간의 고독한 쉼은 사치이자 때늦은 방황으로 보였습니다.

현실적으로도 어려운 것투성이였습니다. 당장 월급을 못 받는다고 굶어 죽는 건 아니지만, 안정적으로 생활하기 위해서는 매달 꾸준히 벌고 있는 생활비가 절실했습니다. 파리에서 한 달 동안 쓰게 될 몇백만 원이 훌쩍 넘는 여행비도 제법 부담이 되었습니다. 무엇보다, 빠르게 달려가는 일상이라는 기차에서 뛰어내릴 용기를 내는 게 쉽지 않았습니다.

그럼에도 불구하고, '파리 한 달 프로젝트'를 진행했습니다. '가지 말아야 하는 합리적인 이유'를 지우고 '감' 하나 믿고 무대포로 밀어 붙인 셈입니다.

:

2017.07.07 아침 7시. 출근길 지하철에서 스케쥴러를 꺼냅니다. 까만 모나미펜으로 쓰인 업무로 7월이 가득 찼습니다. 네, 저는 서울에서 다시 바쁜 일상을 보내고 있습니다. 파리에서의 여유롭고 아름다운 한 달은 한여름 밤의 꿈처럼 추억 속에 자리 잡았습니다.

언뜻 보면 똑같은 일상을 사는 듯 보이지만, 파리에 가기 전의 저와 파리에 다녀온 저는 꽤 다른 사람이 되었습니다. 감사하게도 파리에서 저는 한 달 치 보다 큰 성장을 했습니다. 찬란한 현재를 만끽하며 지난 인생을 되돌아보고, 앞으로 이룰 꿈을 조각했습니다. 과거와 현재와 미래를 넘나들어서인지 저는 한 달이 아니라 한세월을 보낸 만큼 자랄 수 있었습니다. 제 머리와 마음과 영혼의 성장판이 그만큼이나 크게 열려있는 줄 누가 알았을까요. 더 크지 않는 건 몸뿐이었습니다.

파리에서 돌아온 후, 그 이야기를 책을 통해 나누게 되었습니다. 파리로 인해 오랜 꿈을 이루게 된 것입니다. 용기는 기회로 돌아왔고 비로소 저는 꿈을 향한 첫 단추를 끼울 수 있었습니다. 요즘 저의 하루는 새로운 도전으로 가득 차 20대 때보다 더욱 싱그럽게 빛나고 있습니다.

지금 제게 주어진 일상에 다시 권태가 찾아오면, 어디론가 다시 떠나려고 합니다. 작심삼일이면 어떻습니까. 삼일마다 새로 작심하면 그만이니까요. 한 걸음 뗄 때마다 저는 조금씩 더 나은 사람이 되어갈 것입니다. 그렇기에 다가올 미래가 벌써 기대됩니다.

이 글을 읽는 모든 분께 자그마한 용기와 희망을 선물하고 싶습니다. 제가 누린 기쁨을 여러분도 함께 느끼면 좋겠습니다. 눈부시게 빛날 당신의 삶을 기대합니다.

마지막으로, 부족한 제 글이 세상에 나오기까지 도움을 주신 모든 분께 진심으로 감사의 마음을 전합니다. 언제나 힘이 되어주는 남편, 사랑하는 가족. 파리를 달콤한 즐거움으로 채워준 친구들과 소중한 인연 지효, 파리에 다녀올 수 있도록 시간을 허락해준 '세.나.개' 식구들. 그리고 캄캄한 우주에 묻힌 이름 없는 별처럼 잠자고 있던 제 글을 한 권의 귀한 책으로 엮어준 리얼북스에도 깊이 감사드립니다.

파리에서 한 달을 살다

펴낸날	초판1쇄 인쇄 2017년 08월 01일
	초판1쇄 발행 2017년 08월 11일
지은이	전혜인
펴낸이	최병윤
펴낸곳	알비
출판등록	2013년 7월 24일 제315-2013-000042호
주소	서울시 마포구 동교로 18길 33, 202호
전화	02-334-4045
팩스	02-334-4046
이메일	sbdori@naver.com
종이	일문지업
인쇄	한길프린테크
제본	광우제책

ISBN	979-11-86173-07-7 03980
가격	13,500원

이 도서의 국립중앙도서관 출판예정도서목록(CIP)은 서지정보유통지원시스템 홈페이지(http://seoji.nl.go.kr)와 국가자료공동목록시스템(http://www.nl.go.kr/kolisnet)에서 이용하실 수 있습니다.(CIP제어번호: CIP2017018839)

· 알비는 리얼북스의 문학, 에세이, 대중예술 브랜드입니다.
· 여러분의 소중한 원고를 기다립니다(sbdori@naver.com).

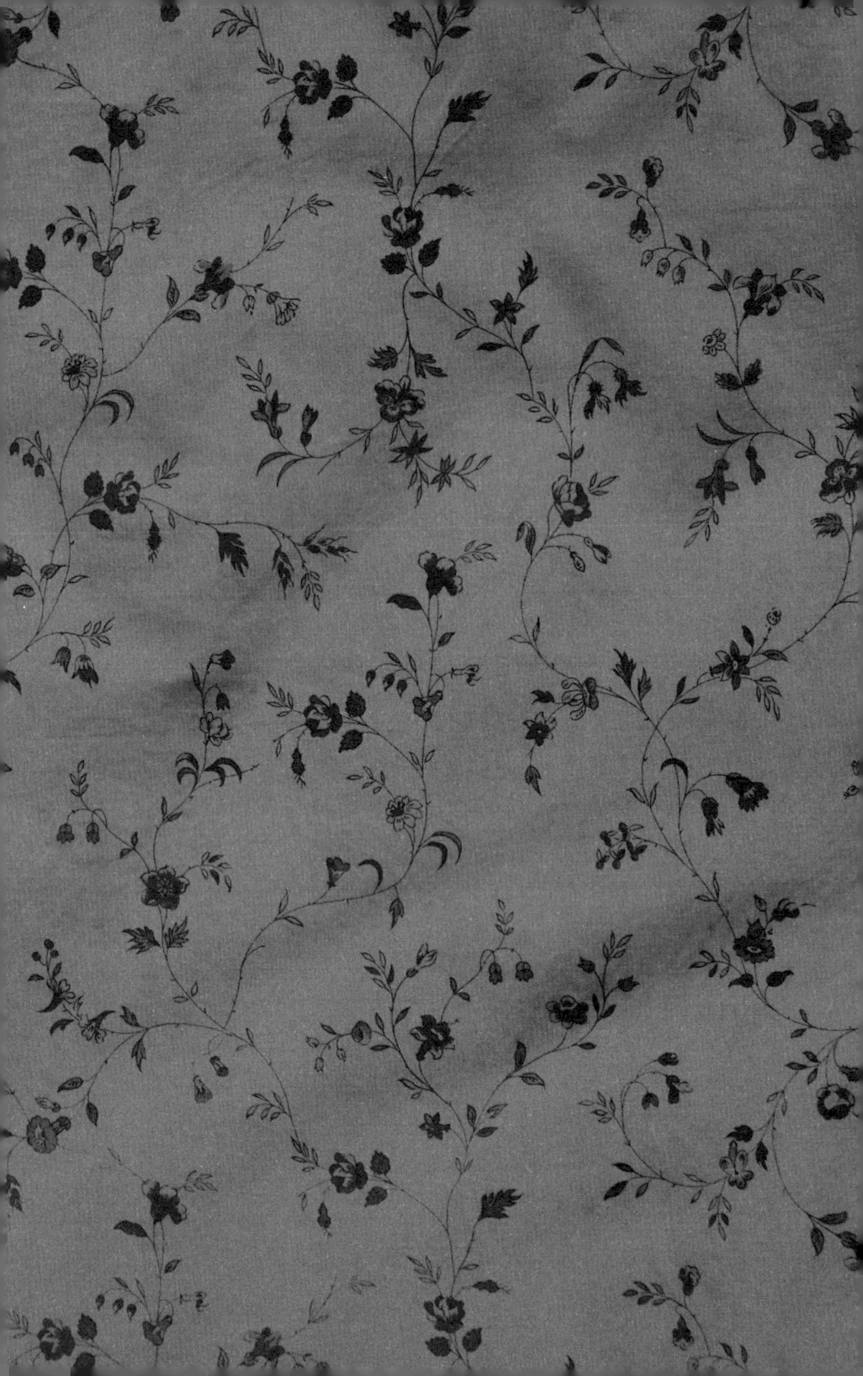